Marion Brehmer

Bach-Blüten für die Hundeseele

Verhaltensstörungen und Erziehungsprobleme erfolgreich behandeln

MIT ANALYSEBOGEN

KOSMOS

Die heilsame Kraft der Bach-Blüten

Von den vielen Arten, sich mit Hunden zu beschäftigen, ist es sicher eine der schönsten, freilaufende Hunde beim Spiel zu beobachten: Wenn fremde Hunde einander begegnen oder ohne unser Zutun ein Problem untereinander lösen. Leider treten immer häufiger Verhaltensstörungen bei unseren Hunden auf und das Hundeleben besteht nicht nur aus fröhlichem Spiel.

Im Zusammenleben zwischen Hund und Mensch müssen beiderseits viele Regeln eingehalten werden, damit alle Beteiligten zufrieden sind. Der Mensch kann sich bis zu einem gewissen Grad in seinen Hund hineinversetzen – sofern er die Grundlagen der „Hundesprache“, die Entwicklungspsychologie und die Lernmöglichkeiten eines Hundes kennt. Der Hund jedoch lebt nur in seiner Hundewelt und daher sollten wir möglichst viel über unseren vierbeinigen Freund wissen. Die Tierpsychologie sieht in jedem einzelnen Tier ein unverwechselbares Individuum und versucht, es in seinem Fühlen und Verhalten zu verstehen. Das Tier sollte als Persönlichkeit gesehen werden, ohne es zu vermenschlichen. Zum Erkennen von persönlichen Eigenarten und der Behandlung abnormer Verhaltensmuster ist es enorm wichtig, die Gesetze des Lernens zu kennen. Nur so kann man Verhalten verstehen und eventuell ändern – und hierbei soll ihnen dieses Buch helfen.

Verhaltensstörungen können mit Hilfe der Bach-Blütentherapie behandelt und behoben werden. Zu dieser Erkenntnis kam ich nach jahrelanger Therapie so genannter „verhaltensgestörter“ Hunde. Oftmals handelt es sich um reine Aufzucht- oder Erziehungsfehler, Unterordnungsprobleme, Aggressions- oder Angststörungen. Selten liegen genetische oder krankheitsbedingte Störungen vor, welche sich auf die Psyche des Tieres auswirken und zu einem unerwünschten Verhalten führen. Häufig liegen die Probleme jedoch auch in einer falschen Haltung oder einem „vermenschlichten“ Umgang mit dem Hund begründet. Für manche Störungen ist es ausreichend, das eigene Verhaltensmuster durch entsprechende Erziehungsmaßnahmen zu verändern. Liegen die Probleme jedoch tiefer – aufgrund eines Schocks, negativer Erlebnisse oder tiefsitzender seelischer Störungen –,

so gilt es, die Psyche des Tieres zu heilen. Hierbei leisten die Bach-Blüten unschätzbare Dienste, sofern die richtige Mischung für das jeweilige Tier zusammengestellt und verabreicht wird.
Durch die Kombination der entsprechenden Erziehungsmaßnahmen, Verhaltenskorrekturen sowie der Bach-Blüten können Ängste und Aggressionsbereitschaft aufgelöst, Selbstbewusstsein gestärkt oder (im Fall von Dominanzstörungen) verringert werden, Panik- und Schocksymptome ebenso wie Trauer oder Eifersuchtsgefühle gelindert werden.
Bach-Blüten beeinflussen die Seele – sie regulieren seelische oder auch charakterlich bedingte negative Schwingungen im Lebewesen und stellen wieder ein harmonisches Gleichgewicht her. Positive Energien werden aktiviert und das Immunsystem gestärkt. Sie dienen nicht dazu, organische Krankheiten zu beheben, sondern gleichen die zu einer organischen Krankheit führenden oder durch eine Krankheit ausgelösten Disharmonien aus. Bach-Blüten sollten daher bei den meisten Verhaltensstörungen unterstützend eingesetzt werden.
Die ideale Kombination der richtigen Erziehung sowie Bach-Blüten bei bestehenden oder zu erwartenden Problemen in Umgang und Haltung verspricht größtmöglichen Erfolg bei der Therapie einer Verhaltensstörung und ermöglicht so die gewünschte Harmonie zwischen dem vierbeinigen Freund und seinem „Familienrudel" auf die sanfte Art.
Im Anhang des Buches finden Sie einen Kurz-Analysebogen. Schildern Sie ihr aktuelles Problem und senden Sie das Formular mit einem an Sie adressierten Freiumschlag (Bearbeitung sonst nicht möglich) an die Autorin. Sie erhalten dann eine speziell auf ihr Tier zusammengestellte Bach-Blütenempfehlung, welche Sie sich in ihrer Apotheke mischen lassen können.

Die so genannten „Notfalltropfen" Rescue Remedy sollte jeder Hundehalter mit sich führen. Mehr dazu auf Seite 8.

Zum harmonischen Zusammensein können auch Bach-Blüten beitragen.

Bach-Blüten und ihre Anwendung

Auch das korrekte Laufen am Fahrrad muss trainiert werden.

Bach-Blüten sind Essenzen, die aus den Blüten von ausgesuchten, wild wachsenden Blumen, Bäumen und Sträuchern auf natürliche Weise hergestellt werden. Ihren Namen verdanken sie dem englischen Arzt Dr. Bach, welcher die 38 Blüten zwischen 1930 und 1936 entdeckte und zur Behandlung von Patienten einsetzte, die an negativen Gemütszuständen litten, wie z.B. an Ängsten, Aggressionen, Verzweiflung und Unsicherheiten. Diese negativen Gemütsverstimmungen waren seiner Meinung nach die Ursache, dass die Patienten überhaupt krank wurden – was inzwischen durch die medizinische Forschung bestätigt wurde.

Auch bei Tieren besteht ein sehr enger Zusammenhang zwischen seelischen Disharmonien und organischen sowie psychischen Störungen. Die Praxis hat gezeigt, dass Tiere oft besonders rasch auf die positiven Impulse der Bach-Blüten reagieren, so dass eine Harmonisierung häufig innerhalb kürzester Zeit erreicht ist. Ein scheuer und ängstlicher Hund kann z.B. mit der Blüte Mimulus in wenigen Tagen seine Furchtsamkeit

überwinden und Mut und Vertrauen entwickeln.
Wer seinem Tier mit Bach-Blüten helfen möchte, sollte trotzdem im Zweifelsfalle abklären, ob das veränderte Verhalten unter Umständen organische Ursachen hat. Die Bach-Blüten-Therapie kann und will eine notwendige tierärztliche Behandlung nicht ersetzen. Vor allem bei akuten psychischen Störungen (z.B. Ängste, Aggressionen), Verhaltensstörungen (z.B. Unsauberkeit, Eingliederungsprobleme), bei Notfällen aller Art und als seelische Unterstützung in schwierigen Situationen (z.B. Arztbesuch, Geburt, Trauer) sind sehr gute Erfolge erzielbar. Zeigt ein Tier scheinbar unerklärliche seelische Verhaltensänderungen, kann die Beobachtung seines Umfeldes häufig Aufschluss über die Ursache der Störungen geben. Ein Haustier steht in vielfältigen Beziehungen zu seiner Umwelt: Dem Tierhalter, anderen Familienmitgliedern, anderen Tieren usw. Oft spiegelt sein Verhalten Konflikte der Umgebung wider, z.B. Partnerschaftsprobleme in der Familie, Kummer des Besitzers oder Veränderungen im Umfeld. Was der Tierhalter als Unart empfindet, kann ein seelischer Hilfeschrei des Tieres sein, das sich nicht anders äußern kann. Erfahrene Tiertherapeuten versuchen daher immer, ein genaues Bild vom Umfeld des Tieres zu gewinnen.

Manchmal ist es sinnvoll, wenn sich auch der Tierhalter einer Bach-Blüten-Therapie unterzieht. Wie der Alltag leider deutlich zeigt, sind sich viele Menschen ihrer Verantwortung gegenüber den Tieren häufig nicht bewusst, z.B. eine artgerechte Haltung und Versorgung wird oft aus Unwissenheit oder Nachlässigkeit oder aufgrund einer Vermenschlichung des Tieres mißachtet. Jeder Haustierhalter sollte zuerst unbedingt sicherstellen, dass das Tier seiner Art entsprechend möglichst natürlich gehalten wird (ausreichender Auslauf, gesunde und ausgewogene Ernährung usw.) Mit den Bach-Blüten können keine Schäden behoben werden, die durch eine falsche Haltung entstanden sind.

Einsatzmöglichkeiten der Bach-Blüten

› Im Notfall und bei akuten seelischen Belastungen (Rescue-Notfalltropfen),
› bei langanhaltenden, chronischen Beschwerden zur Bekämpfung der Ungeduld oder Reizbarkeit,
› zur Therapie von seelisch bedingten Verhaltensstörungen,
› zur Unterstützung der Erziehung z.B. bei Gehorsamsproblemen, Unterordnung.

In vielen Jahren der Anwendung von Bach-Blüten wurden keine uner-

Auch zur Mitbehandlung chronischer Erkrankungen (z.B. Durchfall, Ekzeme oder Haarausfall) werden die Blüten erfolgreich eingesetzt.

Auch eine Überforderung, z.B. beim Sport, kann beim Hund eine psychische Überforderung und eventuelle spätere körperliche Krankheit auslösen

wünschten Effekte weder beim Menschen noch beim Tier beobachtet. Wechselwirkungen mit Medikamenten sind nicht bekannt und Bach-Blüten lassen sich hervorragend mit einer homöopathischen Behandlung kombinieren.

Eine Konservierung der Bach-Blüten ist zur Anwendung bei Tieren nicht sinnvoll. Herkömmliche Konservierungsmittel wie 45 %iger Alkohol oder Obstessig werden von den Tieren strikt abgelehnt, unkonservierte Mischungen jedoch meist sehr gern eingenommen. Bei wärmeren Temperaturen sollte man die Mischung im Kühlschrank aufbewahren beziehungsweise generell lieber eine kleine Flasche benutzen.

Einnahmefläschchen vorbereiten

Zur Zubereitung benötigen Sie

- *die Konzentrate (Stock Bottles) der ausgewählten Blüten*
- *ein 20- oder 30 ml-Fläschchen mit Tropfpipette*
- *Wasser ohne Kohlensäure*

Die Verdünnung erfolgt, indem man pro 10 ml stilles Wasser einen Tropfen der entsprechenden Blüte zufügt. Bei einem 30-ml-Fläschchen kommen also pro Blüte 3 Tropfen des Konzentrates in das Wasser. Wird nur eine einzige Blüte benötigt, so gibt man von dieser 2 Tropfen je 10 ml Wasser hinzu. Je nach Situation können beliebig viele Blüten miteinander gemischt werden. Aufgrund meiner Erfahrungen halte ich die allgemein übliche Begrenzung auf bis zu 6 Blüten für nicht sinnvoll, in Ausnahmefällen können durchaus eine größere Anzahl Blüten verwendet werden. Manchmal sind bereits 1–2 Blüten ausreichend.

Die einzelnen Blüten werden ab Seite 11 detailliert vorgestellt, auf das bewährte Kombinationsmittel möchte ich jedoch vorab und ausführlicher eingehen:

Notfalltropfen

Rescue Remedy ist eine fertige Mischung, deren Rezeptur von Dr. Edward Bach selbst zusammengestellt wurde. Sie enthält die Blütenessenzen Star of Betlehem, Rock Rose, Impatiens, Cherry Plum und Clematis und ist als Stock Bottle in Apotheken erhältlich. Oft wurden schon nach einer einmaligen Gabe der Notfall-Tropfen bei Tieren erstaunliche Selbstheilungsprozesse beobachtet. Rescue ersetzt nicht die notwendige tierärztliche Behandlung, es hilft aber, den erlittenen „seelischen Schock“ aufzulösen. Somit werden die Selbstheilungskräfte des Körpers reaktiviert und der Genesungsprozeß gefördert. Schwerwiegendere Folgen eines Schocks oder bleibende körperliche Schäden werden durch rechtzeitige

Rescue besteht aus 1) Cherry Plum, 2) Clematis, 3) Impatiens, 4) Rock Rose und 5) Star of Betlehem.

Rescue-Gaben häufig verhindert.
Mit Schock sind grundsätzlich alle Situationen gemeint, die für das Tier mit großem Stress, plötzlicher Aufregung und/oder Schmerzen verbunden sind. Dies kann eine Rauferei, ein Unfall, eine Ausstellung oder ein Tierarztbesuch sein. Rescue sollte man am besten stets bei sich tragen!
Die Dosierung von Rescue richtet sich nach der Situation und kann unverdünnt in kurzen Abständen von 5–10 Minuten wiederholt verabreicht werden, bis sich der Zustand normalisiert hat. Falls das Tier bewusstlos ist, tropft man das Mittel vorsichtig auf Zunge oder Zahnfleisch.

Einige Anwendungsbeispiele:

- bei Verdacht auf eine Vergiftung (zusätzliche Gabe: Crab Apple) bis zur Ankunft beim Tierarzt,
- bei Unfällen,
- bei Tieren, die beim Autofahren ängstlich und nervös sind vor Fahrtantritt und ggf. während der Fahrt,
- zur Geburtshilfe für die Hündin und die Welpen,
- zur Sterbehilfe in Kombination mit Walnut.

Rescue ist in Kombination mit Crab Apple auch als Salbe erhältlich und wird erfolgreich bei Schürfwunden, Verbrennungen, Prellungen, Verstau-

chungen, Insektenstichen und Verletzungen aller Art eingesetzt.
Rescue-Tropfen und Creme sind nicht zur Daueranwendung vorgesehen, sondern als Erste Hilfe für Tier und Mensch in mehr oder weniger dramatischen Notfallsituationen. Auch Rescue kann, selbst auf Dauer verabreicht, niemals ein Ausgleich für schlechte Haltungsbedingungen und ein nicht artgerechtes Leben sein.

	kleiner Hund bis ca. 7 kg	mittl. Hund bis ca. 25 kg	großer Hund ab 25 kg	Häufigkelt der Gabe
Homöopathische Mittel				
Tropfen	3	5	10	3–5 x täglich
Tabletten	1	1	1	3–5 x täglich
Globuli	3	5	10	3–5 x täglich
Ampullenlösung	0,5 ml	1,0 ml	1,5–2,0 ml	1 x täglich
Bach-Blüten	4 Tropfen	4 Tropfen	4 Tropfen	4 x täglich

Tipps zur Verabreichung

Da Naturheilmittel (Bach-Blüten ebenso wie homöopathische Heilmittel) größtenteils durch die Maulschleimhaut aufgenommen werden, sollten Sie folgende Punkte beachten:

- geben Sie die Mittel direkt auf die Maulschleimhaut, dadurch erzielen Sie die beste Wirkung,
- verabreichen Sie die Heilmittel *vor* dem Fressen,
- geben Sie mehrere Mittel nicht gleichzeitig, sondern mit ca. 15-minütigem Abstand, so dass sich die Mittel in ihrer Wirkung nicht stören oder aufheben,
- verabreichen Sie die Mittel nach den Angaben Ihres Therapeuten.

Dosierungsanleitung

Wenn Sie keine anderen Dosierungsangaben von Ihrem Therapeuten erhalten haben, halten Sie sich an die Empfehlung in der obigen Tabelle. (In akuten Fällen können Bach-Blüten häufiger gegeben werden.)
Stellen Sie eine Besserung fest, sollten Sie die Heilmittel nicht sofort absetzen, sondern sich aus der Therapie „herausschleichen“, d.h. Sie reduzieren die Gaben allmählich. Bei einer Bach-Blütengabe von beispielsweise 4 × 4 Tropfen reduzieren Sie folgendermaßen:
für zwei Tage auf 3 × 4 Tropfen, für zwei Tage auf 2 × 4 Tropfen, für zwei Tage auf 1 × 4 Tropfen. Dann hören Sie mit der Therapie auf.

Bach-Blüten im Porträt

Agrimony
(Odermennig)
Für gesellige, friedliche Hunde, die nach außen hin fröhlich wirken und sich trotz Krankheit zur Aktivität motivieren lassen. Krankheit wird allzu leicht verharmlost.

Aspen
(Espe oder Zitterpappel)
Für schreckhafte, oft sensible Hunde mit ängstlichem Verhalten. Der Grund der Ängstlichkeit ist häufig unklar; unruhiger Schlaf, Angstzittern. Bestimmte Orte werden aus Angst gemieden.

Beech
(Rotbuche)
Die Hunde lehnen ihre Artgenossen ab, sind intolerant und häufig aggressiv, gebärden sich kampfwütig oder zeigen Protestreaktionen. Der Artgenosse gilt als Feind; Protest- und aggressives Verhalten auch gegenüber dem Mensch; Unsauberkeit, Fellbeißen.

Centaury
(Tausendgüldenkraut)
Für willensschwache, gutmütige Hunde, meist überbrav und lernwillig, die sich von Menschen regelrecht ausnutzen lassen, passiv und schwach. Das Tier zeigt Überreaktionen gegenüber Artgenossen und unterwirft sich sofort. Anfällig für Infektionserkrankungen, Parasitenbefall und Verletzungen.

Cerato
(Bleiwurz, Hornkraut)
Die Hunde zeigen auffällig unsicheres Verhalten, wirken zögernd und

gehemmt, sind unsicher im Umgang mit anderen Hunden und ordnen sich ihnen unter. Sie gehorchen wahllos jedem Menschen. Die Hunde wurden oft zu früh von der Mutter getrennt.

Cherry Plum
(Kirschpflaume)
Die Hunde stehen unter großem innerlichen Druck und neigen zu plötzlichen Temperamentsausbrüchen, wirken sprunghaft oder sogar zwanghaft in ihrem Verhalten. Unterdrückte Ängste, die sich in heftigen Ausbrüchen äußern (z.B. Angstbeißer).

Chestnut Bud
(Knospe der Rosskastanie)
Diese Hunde machen stets wieder die gleichen Fehler, lernen nicht aus ihren Erfahrungen, wirken ruhelos,

unaufmerksam und sind eher ungelehrig. Sie vergessen bestimmte Lektionen. Häufig von periodisch auftretenden Krankheiten wie Muskelkrämpfen oder Atemwegserkrankungen begleitet.

Chicory
(Wegwarte)
Die Hunde wollen ständig im Mittelpunkt stehen, erwarten volle Zuwendung und reagieren mit Protest, wenn sie diese nicht erhalten. Sie verhalten sich aufdringlich, fordernd und versuchen ständig auf sich aufmerksam zu machen. Bei Krankheit sind sie wehleidig; Hündinnen bewachen ihre Jungen überfürsorglich. Häufig bei Kleinhunden.

Clematis
(Weiße Waldrebe)
Für verträumt und teilnahmslos wir-

kende Hunde, die wenig Aufmerksamkeit für ihre Umwelt zeigen. Sie wirken wie abwesend, desinteressiert und lassen sich kaum motivieren. Häufig Lernprobleme durch Konzentrationsmangel, schwacher Selbsterhaltungstrieb, bei Krankheit oft völlig apathisch.

Crab Apple
(Holzapfel)
Die Hunde zeigen übertriebenes Putz- und Reinlichkeitsverhalten, wirken häufig unruhig und wie unter Zwang. Neigung zu Parasitenbefall, Pilz- und anderen Hauterkrankungen. Bewährt zur Vergiftungs-Nachbehandlung.

Elm
(Ulme)
Diese Hunde scheinen überfordert zu sein, sie wirken plötzlich erschöpft

und niedergeschlagen. Normalerweise kraftvolle, zuverlässige und leistungsbereite Hunde scheinen den Anforderungen nicht mehr gewachsen zu sein, verhalten sich nervös und ermüden rasch. Eine eventuelle tatsächliche Überforderung überprüfen!

Gentian
(Herbstenzian)
Für misstrauische, scheinbar negativ gestimmte Hunde, die sich leicht entmutigen lassen. Sie wirken übervorsichtig, zögern oder ziehen sich zurück. Bei Berührungen weichen sie zurück, es fehlt Vertrauen zu Artgenossen und zu der Bezugsperson. Häufig nach Besitzerwechsel oder Partnerverlust.

Gorse
(Stechginster)
Für Hunde, die kraftlos, müde und

resigniert wirken. Sie machen einen apathischen, freudlosen Eindruck, lassen sich nur mühsam motivieren. Oft nach einer langen Leidensgeschichte; Futterverweigerung, Unsauberkeit. Bewährt bei chronischen Erkrankungen.

Heather
(Schottisches Heidekraut)
Für überanhängliche Hunde, die ständig im Mittelpunkt stehen wollen. Sie suchen ständig die Nähe anderer Tiere oder Menschen, versuchen sich durch Laute, Kratzen usw. Aufmerksamkeit zu verschaffen. Alleingelassen häufig Protestreaktionen. Typische Blüte für Klein- und Schoßhunde.

Holly
(Stechpalme)
Für eifersüchtige Hunde, die sich

feindselig und aggressiv verhalten. Meist gegen ein bestimmtes Tier oder den Mensch gerichtete Wut und Aggressionen. Ausgelöst häufig durch Eifersucht (Baby, neuer Partner, anderes Tier).

Honeysuckle
(Geißblatt)
Für scheinbar teilnahmslose Hunde, häufig nach Besitzer- oder Ortswechsel. Sie schenken der neuen Umgebung keine Beachtung, verweigern die Nahrung, können einen Verlust nicht verkraften. Häufig nach Unterbringung in Tierheim oder Tierpension.

Hornbeam
(Hainbuche)
Die Hunde wirken schlaff und müde, als wären sie zu schwach, ihre Aufgaben zu bewältigen. Sie scheinen unmotiviert. Bei körperlich normal

entwickelten Jungtieren fehlen Spannkraft und Energie. Erwachsene Tiere wirken bei ersten Krankheitssymptomen erschöpft und erholen sich nur langsam. Häufig Neigung zu Bindegewebsschwäche, gerötete Augen. Zur Nachbehandlung von Krankheiten.

Impatiens
(Drüsentragendes Springkraut)
Diese Hunde wirken ungeduldig, hektisch, leicht gereizt und neigen zu überschäumenden Reaktionen. Sie stehen ständig unter Spannung und drängen sich nach vorne. Nichts kann schnell genug gehen und die Ungeduld schlägt leicht in Aggression um. Solche Hunde ermüden leicht, Erschöpfungszustände sind möglich. Hier müssen zunächst die Schilddrüsenfunktion sowie die Haltungsbedingungen überprüft werden.

Larch
(Lärche)
Die Hunde haben wenig Selbstvertrauen, sind ihren Artgenossen unterlegen; werden sie angegriffen, ziehen sie sich sofort zurück. Neuen Situationen treten sie zögernd oder passiv entgegen. Bei der Fütterung begnügen sie sich mit den Resten. Sie laufen mit gesenktem Kopf und hängender Rute umher.

Mimulus
(Gefleckte Gauklerblume)
Für scheue, furchtsame Hunde, die häufig überempfindlich reagieren oder Angst vor bestimmten Situationen zeigen. Sie sind zurückhaltend, nervös und ängstlich, scheinen sich vor Artgenossen, Menschen oder bestimmten Dingen zu fürchten. Häufig erfolgen Überreaktionen auf Reize wie Geräusche, helles Licht

oder Gewitter. Sie verkriechen sich oder suchen Schutz bei der Bezugsperson. Während der Genesung sind diese Hunde übervorsichtig und schonen sich noch längere Zeit.

Mustard
(Wilder Senf)
Für Hunde, die ohne erkennbare Ursache plötzlich niedergeschlagen und traurig wirken, apathisch vor sich hin starren und ihre Umgebung kaum wahrzunehmen scheinen. Es wird kein Interesse mehr an Dingen gezeigt, die sonst Freude bereiteten. Periodisch auftretende Niedergeschlagenheit, oft besteht der Verdacht einer Vergiftung.

Oak
(Eiche)
Für pflichtbewusste, ausdauernde Hunde, die dazu neigen sich zu überarbeiten und trotz Erschöpfung nicht aufgeben. Angestrengtes Bemühen und innere Anspannung sind deutlich sichtbar. Gefahr der Überforderung bis zur totalen Erschöpfung – häufig bei Diensthunden.

Olive
(Olive)
Diese Hunde wirken völlig erschöpft und energielos, sind so müde und kraftlos, dass sie zu keinerlei Aktion zu bewegen sind. Oft erhöhtes Schlafbedürfnis. Vorausgegangen ist meist eine dauernde Überforderung oder lange Krankheit. Häufig auch bei alten Tieren.

Pine
(Schottische Kiefer)
Für bedrückt und mutlos wirkende Hunde, die besonders empfindlich auf Tadel reagieren, ängstliche und

geduckte Körperhaltung, evtl. sogar unterwürfig. Sie scheinen ständig eine Strafe zu erwarten und ein schlechtes Gewissen zu haben und zucken häufig zusammen. Durch das mutlose und unterwürfige Verhalten ist der Hund Artgenossen stets unterlegen.

Red Chestnut
(Rote Kastanie)
Für Hunde, die ein übertriebenes Beschützerverhalten zeigen. Bei Abwesenheit der Bezugsperson zeigen sie Unruhe und Aufregung, verweigern sogar häufig das Futter. Sie lassen niemanden an die Bezugsperson heran und greifen sogar an. Bei übertriebener Mutterliebe oder Scheinschwangerschaft. Nicht zu verwechseln mit Eifersucht (Holly).

Rock Rose
(Gelbes Sonnenröschen)
Für Hunde, die leicht in Panik geraten oder von schweren Angstphobien geplagt werden. Sie scheinen wie von Sinnen, nehmen die Umwelt kaum noch wahr, sind vor Angst wie gelähmt oder stürmen in wilder Panik

davon. Bei schweren akuten Angstzuständen (z.B. Gewitter, Silvester) und in lebensbedrohlichen Situationen.

Rock Water
(Wasser aus heilkräftigen Quellen)
Für disziplinierte, starr wirkende Hunde, die ihre natürlichen Bedürfnisse unterdrücken; angespannte Körperhaltung, steife und ungelenke Bewegungen. Der Hund hat ausgeprägte Gewohnheiten und reagiert unflexibel auf Veränderungen. Die innere Starrheit führt zu Stresserscheinungen, oft glanzloses Fell, weibliche Tiere zeigen Deckschwierigkeiten. Häufig bewährt bei Gelenksteife und Arthrose.

Scleranthus
(Einjähriger Knäuel)
Für unausgeglichene und hektisch wirkende Hunde, deren Verhalten

und Stimmung ständig wechseln. Sie zeigen wenig Ausdauer und können sich nur schwer konzentrieren. Wechselnder Appetit, Gleichgewichtsstörungen, schwankende Körpertemperatur und häufiger Wechsel zwischen Verstopfung und Durchfall. Auch bei Wetterfühligkeit, Reiseübelkeit und zuchtbedingter Unausgeglichenheit.

Star of Betlehem
(Doldiger Milchstern)
Für Hunde, die eine körperliche oder seelische Erschütterung noch nicht verkraftet haben, bedrückt und traurig wirken (nach Unfall, Umzug, Besitzerwechsel). Das traumatische Erlebnis kann auch weit – bis zur Geburt – zurückliegen, wurde jedoch nicht verarbeitet und beeinflusst daher noch das Verhalten. Manchmal kommt es zu plötzlicher Unsauberkeit. Der Seelentröster für Heimtiere und Tiere, die sich verlassen und ungeliebt fühlen.

Sweet Chestnut
(Edelkastanie)
Die Hunde befinden sich in einem Zustand innerer Ausweglosigkeit und extremer Belastung. Sie machen einen erschöpften, verlorenen Eindruck – häufig als Reaktion auf eine belastende Situation. Kein Interesse an der gewohnten Umgebung, der Hund isoliert sich. Oftmals bei stark einengenden Haltungsumständen oder schweren Krankheiten.

Vervain
(Eisenkraut)
Für überaktive, begeisterungsfähige Hunde, die mit ihren Kräften Raubbau betreiben. Sie strahlen eine hohe Energie und ein zielgerichtetes Verhalten aus; der willensstarke Anfüh-

rer eines Rudels, der aggressiv reagiert, wenn er die anderen nicht motivieren kann. Neigung zur Hyperaktivität und Übertreibung, überfordert sich selbst. Bewährt bei Leistungstieren. Der Stoffwechsel und die Schilddrüse sollten überprüft werden.

Vine
(Weinrebe)
Für überehrgeizige, dominante Hunde, die ihre Artgenossen oder auch Menschen tyrannisieren. Die Körpersprache drückt Überlegenheit und Stolz sowie eine starke innere Spannung aus. Das Tier ist herrschsüchtig gegenüber Artgenossen und Menschen und will im „Rudel" die Stellung des Leittieres übernehmen, es lässt sich schwer erziehen, verweigert den Gehorsam und wirkt oft aufdringlich.

Walnut
(Walnuss)
Die Hunde sind verunsichert, desorientiert und durch Veränderungen in ihrer Umgebung irritiert, reagieren labil auf wechselnde Umstände – oft mit Untugenden oder Krankheiten.

Typischer Zustand bei einem Umzug, Besitzerwechsel, Familienzuwachs, Reisen. Häufig auch nach einer Geburt oder Kastration. Auch empfohlen für Neugeborene und als Sterbehilfe.

Water Violet
(Sumpfwasserfeder)
Für zurückhaltend und stolz wirkende Hunde, die sich von anderen Tieren oder auch Menschen isolieren. Typische Einzelgänger, die sich auch bei Krankheit isolieren. Berührungen durch Tier oder Mensch dulden sie nur widerwillig. Häufig auch bei vernachlässigten, einsamen Hunden.

White Chestnut
(Rosskastanie, Weiße Kastanie)
Die Hunde wirken unruhig und unausgeglichen und scheinen unter großer Spannung zu stehen. Sie kön-

nen sich nur schwer auf eine Aufgabe konzentrieren, sind unaufmerksam, dabei angespannt und abwesend, reagieren auf Ermahnung oder Strafe nachtragend. Als Symptom kann auch Zähneknirschen auftreten.

Wild Oat
(Waldtrespe)
Für gelangweilte und unzufriedene Hunde, denen es an Ausdauer mangelt. Häufig intelligente, lernfähige Tiere, die schnell das Interesse verlieren. Neue Reize sind interessant, bald folgt Langeweile und Unzufriedenheit. Bei Artgenossen finden sie kaum Anschluss, da sie sich desinteressiert zeigen. Bei Übungen zunächst begeistert, dann rasch unkonzentriert und gleichgültig. Häufig auch Ersatzhandlungen wie Zerstörungswut, Autoaggression. Die möglichen Ursachen müssen herausgefunden werden!

Wild Rose
(Heckenrose)
Teilnahmslos und apathisch wirkende Hunde ohne erkennbares Interesse am Leben. Der Hund bewegt sich kaum, blickt leer und stumpf, wirkt energielos und drückt Resignation und Selbstaufgabe aus, keinerlei Motivation ist mehr möglich. Die Ursache liegt häufig in einer Erkrankung oder stark eingeengten Haltungsbedingungen. Mit dieser Blüte kann geprüft werden, ob noch ein Lebenswille besteht.

Willow
(Gelbe Weide)
Die Hunde wirken schlecht gelaunt, scheinen ständig zu grollen und knurren vor sich hin. Häufig bei Heimtieren und misshandelten Hunden, auch als Reaktion auf Vernachlässigung des Tierhalters.

Rescue
Erste-Hilfe-Tropfen
Bewährtes Kombinationsmittel aus fünf Bach-Blüten-Konzentrationen, das seit Jahrzehnten bei Mensch und Tier als Notfallmittel mit großem Erfolg angewendet wird. Diese Mischung besteht aus Star of Betlehem, Rock Rose, Impatiens, Cherry Plum und Clematis.

Besondere Einsatzmöglichkeiten

Agrimony *körperliche Überlastung, Entgiftung, Übergewicht, klaffende Wunden*
Aspen *Reisekrankheit, Wetterfühligkeit, nach Misshandlung*
Beech *Protestpinkeln, Unsauberkeit, Anpassungsschwierigkeiten, Kontaktschwierigkeiten, übertriebener Schutztrieb, Fellbeißen,*
Centaury *bei langer Krankheit, Entwurmung, starke Besitzerfixierung*
Cerato *Heimweh*
Cherry Plum *Welpe nach zu früher Trennung, nach Schock/Unfall*
Chestnut Bud *Anfälle (Epilepsie, Krämpfe), Husten, Geburtsprobleme*
Chicory *Entgiftung, Leberprobleme*
Clematis *Abwehrsteigerung, Entgiftung, nach Unfall*
Crab Apple *Entgiftung, Parasitenbefall, nach Einnahme von Antibiotika/ Schmerzmitteln*
Elm *Geburtsvorbereitung, vor großen Herausforderungen, bei Versagen*
Gentian *Besitzerwechsel, extreme Veränderung, nach belastenden Vorfällen*
Gorse *Wundheilung, nach Trennung, Verlust, bei Sterbeprozess*
Heather *Abführmittel, Narbenheilung, Orts- und Besitzerwechsel, extreme Veränderungen, Junge zu früh entwöhnt, Junges verloren, Tierheimhunde, Panik*
Hornbeam *Überlastung, Erschöpfung, Folgen nicht artgerechter Haltung, schwache, alte Tiere*
Impatiens *Unruhe, Ungeduld*
Larch *Abwehrsteigerung, Lernprobleme, Anpassungsprobleme*
Mimulus *nach Operation oder Verletzung, Angst vor bestimmten Einflüssen*
Mustard *selbstzerstörerisches Verhalten, Wundlecken, Fellbeißen*
Oak *Altersbeschwerden, Überforderung*
Olive *Regeneration nach Krankheit/Anstrengung/Antibiotika*
Pine *nach schlechten Erfahrungen mit Vorbesitzer/Tieren*
Red Chestnut *Scheinschwangerschaft, übereifrige Wachhunde*
Rock Rose *Unfall, Panik, Sonnenstich, Hitzschlag, Gewitterangst, nach schwerer Geburt*
Rock Water *Krämpfe*
Scleranthus *Reisekrankheit, Schwindel, Wetterfühligkeit*
Star of Betlehem *Verlust vertrauter*

Person/Tier, Unfall, nach schmerzhaftem Erlebnis
Sweet Chestnut *nach langer Krankheit, Folgen extremer Haltungsbedingungen*
Vervain *Geburtsvorbereitung*
Vine *schwere chronische Krankheit, Macht- und Dominanzprobleme*
Walnut *große Veränderung, Schwangerschaft, Geburt, Halterwechsel, Sterbehilfe*
Water Violet *Einzelgänger, Isolation*
White Chestnut *Unruhe, hohe Anspannung, Zähneknirschen*
Wild Oat *Neugeborene, wenn keine andere Therapie wirkt*
Wild Rose *chronische Krankheit, hoffnungsloser Zustand – Test auf vorhandenen Lebenswillen*
Willow *Tierheimtiere, Besitzerwechsel, nach Misshandlungen*
RESCUE *Unfälle, Verletzungen, Operationen, Beißerei, Geburt, Allergien, Insektenstiche, Schock, epileptischer Anfall, Sterbehilfe, Hitzschlag, Sonnenstich, Bewusstlosigkeit, Vergiftung*

Bach-Blüten als Sterbehilfe

Wenn der Hund im Sterben liegt und man ihm den Übergang erleichtern möchte, sollte man ihm Bach-Blüten geben. Bach-Blüten können niemals töten! Sie helfen ihm nur dabei, seine eigene Entscheidung zu treffen – ob er weiterleben oder einschlafen will – und mildern seine Angst.
Wenn der Hund sich zurückzieht, apathisch wirkt, Futter- und Wasseraufnahme verweigert und nicht mehr motivierbar scheint, erhält er eine Kombination aus Rescue, Hornbeam, Wild Rose und Olive, um den Lebenswillen zu überprüfen. Verändert er sich innerhalb der nächsten 30 Minuten, lässt sich wieder motivieren, reagiert z.B. mit den Ohren oder dem Schwanz auf Ihren Zuspruch, so ist der Hund seelisch noch nicht entschlossen, von selbst zu gehen. Körperlich ist er jedoch zu schwach und es kann durchaus sinnvoll sein, einen Therapeuten aufzusuchen.
Reagiert der Hund nach der Bach-Blüten-Gabe jedoch unverändert apathisch, so kann man ihm mit Rescue, Walnut und Rock Water seine Entscheidung erleichtern und ihm dadurch in seiner gewohnten Umgebung ein friedliches Einschlafen ermöglichen. Den Moment, wann er wirklich „gehen" will, wird er selbst bestimmen.
Falls der Tierarzt zum Einschläfern gerufen wurde, erhält der Hund dieselbe Mischung, bevor der Veterinär kommt. Die Beruhigungsspritze wird zwar seinen Körper ruhig stellen, nicht jedoch seine Psyche, bevor die Euthanasiespritze folgt. Diesen letzten Liebesdienst sollte man seinem Freund zukommen lassen. Derart „getröstete" Tiere strahlen in ihrem

letzten Lebensmoment einen erstaunlichen Frieden aus.

Die Kombination mit homöopathischen Mitteln

Häufig ist es sinnvoll, bei bestimmten Störungen zusätzlich zu den Bach-Blüten auch homöopathische Mittel anzuwenden.

Bellwut Lachesis D 200

Angstbeißen ohne vorherige Drohung Belladonna D 30, anschließend Calcium carbonicum 200

Beißen mit vorheriger Drohung Hyoscyamus D 30, später D 200

Angst vor Donner und Knallgeräuschen Borax D 3 (schon 14 Tage vor Sylvester beginnen), Requiesan-Tropfen

Angst vor dem Alleinbleiben Arsenicum album D 30, Phosphorus D 30, Pulsatilla D30

Furcht vor Männern Lycopodium D 30

Furcht vor allem Neuen Argentum nitricum D 12

Schreckhaftigkeit Kalium phosphoricum D 12

Eifersucht Hyoscyamus D 200

Sexuelle Rivalität Platinum D 200

Heimweh, Trennungsschmerz Ignatia D 30

Fahrkrankheit, Reiseübelkeit Nux Vomica D 30, Cocculus D 6, Petroleum D 200

Nicht nur ältere Hunde genießen ihre Streicheleinheiten.

Grundlagen der Hundeerziehung

Die Körpersprache des Hundes

Auch wenn Hunde eine andere „Sprache“ sprechen als wir Menschen, so sind wir doch in der Lage, ihr Verhalten ebenso wie ihre Stimmungen zu deuten und hieraus Rückschlüsse auf ihren aktuellen Gemütszustand zu ziehen. Sich „groß“ zu machen oder klein und möglichst unsichtbar zu werden – zwischen diesen Extremen liegen die Formen der Körpersprache des Hundes. Die sichtbaren Formen des Ausdrucks können sich überlagern oder ineinander übergehen.

Wer Dominanz zeigen und andere beeindrucken will, muss Stärke, Größe und Selbstbewusstsein demonstrieren. Hierzu gehört der hoch aufgerichtete Oberkörper, der stelzende Gang sowie das aufgestellte Fell im Nacken- und Schulterbereich, ebenso wie der hocherhobene Schwanz und die etwas abgewendete Kopfhaltung. Trifft der Hund auf einen Stärkeren, macht er sich möglichst klein, senkt den Schwanz. Der seitlich weggedrehte Körper sowie der abgewendete Blick übermitteln die Unterwerfung. Im Kampf kapituliert der Hund durch die Demutshaltung: Auf der Seite oder dem Rücken liegend bietet er seinem Gegner die verletzliche Hals- und Bauchpartie.

Wedeln ist ein Ausdruck der Freude und Erwartung, kann jedoch auch Konzentration ausdrücken. Der aufgerichtete Schwanz zeigt Stärke und Selbstbewusstsein, wobei das Wedeln eine freundliche Stimmung, die steife Haltung der Rute Drohung und Abwehr andeuten. Je tiefer der Schwanz gesenkt wird, desto ängstlicher ist der Hund. Kneift er den Schwanz zwischen den Hinterbeinen ein, so ist sein Selbstbewusstsein gleich Null.

Auch durch die Mimik drückt der Hund seine Gefühle aus: Drohungen erfolgen durch starren Blick, Stirnrunzeln und Hochziehen der Lefzen. Das „Spielgesicht“ ist erkennbar durch ein Zurückziehen der Lefzen und entblößte Zähne und gleicht einem „Lachen“. Bei Unterwürfigkeit werden die Mundwinkel weit nach hinten gezogen. Ist der Hund gereizt oder wütend, so runzelt er die Nasenpartie und zeigt seine Anspannung durch einen starren und stechenden Blick. Sind die Ohren nach hinten gerichtet, zeigt er sich unterwürfig oder auch kampfbereit. Aufgestellte nach vorne gerichtete Ohren deuten auf Aufmerksamkeit, Selbstbewusstsein und manchmal auch Drohgebärden hin. Durch die diversen Ohrformen der einzelnen Hunderassen gibt es hierbei allerdings viele Übergänge. Bei Hängeohren z.B. kann man die Stimmung nur an Muskelbewegungen am Ohransatz erkennen.

Wie kann der Hund uns verstehen?

Der Hund deutet die Körpersprache der Menschen, ihre Gestik, Mimik und Haltung und achtet auf den Tonfall, die Lautstärke und die Stimmlage. Auch Geruchsveränderungen seines Menschen (z.B. einen Adrenalin-Ausstoß bei Aufregungen oder Ängsten) registriert er. Damit es im gemeinsamen Zusammenleben nicht zu Missverständnissen kommt, muss daher der gesprochene Befehl mit der Körpersprache des Menschen übereinstimmen. Ein typisches Missverständnis liegt zum Beispiel vor, wenn der Hund einen Besucher verbellt und sein Besitzer ihn beruhigend streichelt. Der Hund versteht dies als Bestätigung und Lob und wird künftig immer wieder in gleicher Form handeln.

Wie lernt der Hund?

Um zu überleben, muss jedes Lebewesen dazu lernen. Die meisten

Gut zu wissen

Zu den Verständigungsmöglichkeiten des Hundes gehören das Lecken (freundliche Unterwerfung), der Schnauzenstoß (Spiel- oder Schmuseaufforderung), Pfotenheben (Kontaktsuche bzw. Versöhnungsangebot), Starren (Interessenbekundung an einer bestimmten Sache).

Die Mimik des Hundes drückt seinen Gemütszustand aus. Hier aufmerksam/fragend: „Und was machen wir jetzt?"

Hunde lernen gern und schnell – oft ohne dass uns Menschen der Lernprozess bewusst ist. Viele Ursachen von Verhaltensstörungen beruhen auf solchen unbewussten „Lernerfolgen". Um ein Verhalten zu ändern, muss die Ursache für dieses Verhalten erkannt und umgekehrt werden.

Konditionierung

Die Konditionierung wurde bekannt durch den russischen Physiologen Pawlow, der 1904 für seine Forschungen den medizinischen Nobelpreis erhielt. Er belegte durch seine Arbeiten, dass ein Hund ausschließlich durch Erfahrungen lernt. Pawlow ließ jedes Mal genau in dem Moment der Fütterung einen Klingelton ertönen. Nach einiger Zeit reichte allein der Klingellaut aus, um bei den Hunden Speichelabsonderung zu erzeugen. Allein durch diesen Signalreiz wurden die Hunde in eine Futtererwartung versetzt. Diesen Vorgang nennt man **klassische Konditionierung** oder **bedingte Reaktion.**

Ein Hund nimmt viele, vom Menschen unbemerkte Reize auf und manchmal stellt sich hierdurch auch eine unerwünschte bedingte Reaktion ein. Ein bisher verkehrssicherer Hund kann sich z.B. nach nur einem einzigen negativen Erlebnis in Form einer Fehlzündung eines LKW zu einem Angstbündel auf dem Fußgängerweg entwickeln und lange Zeit schreckhaft auf Knallgeräusche aller Art reagieren.

Im Gegensatz zur klassischen Konditionierung, wobei der Hund eher unfreiwillig lernt, steht die **operante** oder **instrumentelle Konditionierung:** Hierbei findet man eine sog. bedingte Aktion. Während bei der klassischen Konditionierung eine schon vorhandene Reaktion mit einem neuen Reiz (Signalreiz) verbunden wird, wird bei der operanten Konditionierung eine neue Geste mit der Verminderung eines Bedarfs (z.B. nach Spiel oder Fressen) verbunden. Die meisten Abrichtemethoden funktionieren nach diesem System und werden als **Lernen am Erfolg** bezeichnet. Tut der Hund, was von ihm verlangt wird, so erhält er einen Leckerbissen oder wird durch ein kurzes Spiel belohnt. Diese Lernmethode ist eine der einfachsten, wenn man einige grundsätzliche Regeln beachtet:

- die Belohnung muss unmittelbar nach der erwünschten Reaktion erfolgen,
- die Belohnung muss für den Hund reizvoll sein,
- die Belohnung muss (anfangs) zuverlässig erfolgen.

Hunde lernen durch Erfahrung. Sie werden alles, womit sie eine positive Erfahrung verknüpfen, gern wieder tun und alles, was mit negativen Erfahrungen verbunden ist, unterlassen. Ein erwünschtes Verhalten muss also verstärkt, belohnt werden, unerwünschtes Verhalten wird ignoriert bzw. je nach Situation getadelt. Wichtig ist, dass die Reaktion möglichst sofort, am besten noch während des Verhaltens erfolgt. Bei einer späteren Belohnung oder Strafe kann der Hund den Zusammenhang zwischen

Aktion und Reaktion des Halters nicht mehr herstellen. Die Belohnung kann durch Lob, Streicheln, Leckerbissen oder Spiel erfolgen – wichtig ist nur, dass der Hund dieses mit dem erwünschten Tun verknüpft. Durch die „positive Konditionierung“ lernt ein Hund am schnellsten. Man sollte also Situationen so gestalten, dass der Hund von sich aus etwas erwünschtes tut und hierfür dann überschwänglich gelobt wird.
Bei den Übungen sollten andere Reize vermieden werden. Besonders wichtig sind stets gleiche Kommandos und Zeichen. Leise, aber konsequente Befehle mit höherer Stimme erreichen erhöhte Aufmerksamkeit. Der Hund darf nicht durch komplizierte oder lange andauernde Übungen überfordert werden. Übungen sollten zu Zeiten durchgeführt werden, an denen der Hund aktiv und hungrig ist. Ausgeführte Befehle (z.B. Sitz, Platz ...) müssen vom Halter wieder aufgehoben werden – z.B. durch das Kommando „Lauf!“

Warum wird ein Hund zum Problemhund?

Selten sind es große Fehler, sondern kleine Missverständnisse, die lange akzeptiert und entschuldigt werden – irgendwann aber ein Problem darstellen. Die Ursachen zu erkennen, bedeutet schon den halben Sieg in der Bekämpfung.

Durch liebevolle Behandlung entsteht eine enge Vertrautheit zwischen Kind und Hund.

Gut zu wissen

Was braucht der Hund?

Er soll der perfekte Begleiter, Spielgefährte und Freund der Kinder, Sportkamerad, Seelentröster, Beschützer und Wächter sein. All dies heißt, dass der Hund heutzutage mit und in der Familie lebt. Um Probleme zu vermeiden, müssen die Grundbedürfnisse des Hundes erfüllt werden:

- *Bedürfnis nach sozialer Nähe (möglichst überall dabei zu sein),*
- *fester Platz im „Familienrudel",*
- *geregelte, ausgewogene Ernährung,*
- *ausreichend Bewegung (1–2 Std. täglich, je nach Rasse),*
- *Beschäftigung (Sportpartner, Spiele),*
- *regelmässige Kontakte mit Artgenossen,*
- *tägliche Pflege und Schmusestunden,*
- *ungestörter Ruheplatz.*

Die häufigsten Erziehungsfehler

Verspäteter Erziehungsbeginn Dem Welpen wurde zu lange alles verziehen. Er ist offen für alles, verarbeitet viele Eindrücke seiner Umwelt und lernt, sich anzupassen. Zuerst im Wurf bei Mutter und Geschwistern sowie im Umgang mit dem Züchter, später in der Familie. Hier werden die „sozialen Weichen" gestellt und der Wille zur Partnerschaft gebildet – sofern bei dem Hund keine genetischen Verhaltensdefekte vorliegen. Junghunde bis zur 20. Woche lernen am leichtesten (Prägungsphase). Versäumnissse in dieser Zeit führen zu einem trotzigen, verwöhnten „Halbstarken" und sind später wesentlich schwerer auszugleichen. Die Grunderziehung sollte bereits wenige Tage nach Aufnahme im Haus erfolgen. Das Wichtigste hierbei ist Lob, Lob und nochmals Lob. Es darf niemals gestraft werden, sondern das Geübte wird wiederholt – mit spielerischem Spaß lernt es sich leichter.

Nachgiebigkeit Auch der süßeste Welpe muss rechtzeitig seine Grenzen kennenlernen.

Lernen braucht Zeit Überforderung schadet! Nachhaltige Erfolge sind nur mit viel Geduld zu erreichen. Geübt wird, wenn der Welpe/Junghund aktiv und ausgeruht ist. Bei beginnender Ermüdung wird die Übungsstunde mit einer einfachen Lektion beendet, die er schon beherrscht.

Zu viele Lehrer Nur ein Familienmitglied übernimmt die Grunderziehung. Erst später können auch der Partner/die Kinder die Kommandos übernehmen.

Übermäßiges Beschützen Aus verhätschelten Welpen, die aus Angst ständig vom Besitzer auf den Arm genommen werden, werden häufig später unangenehme Raufbolde. Ihnen fehlt der arteigene Sozialkontakt, die Lükken im Verständigungsrepertoire führen zur Selbstüberschätzung.
Das Fehlverhalten des Hundes ist stets der Ausdruck eines gestörten Mensch-Tier-Verhältnisses. Die Ansprüche des Hundes müssen – besonders von Kindern – respektiert werden (Schlaf- und Futterzeiten). Bei dominanten Tieren muss vor „Gleichberechtigung“ gewarnt werden! Die Rangposition darf niemals angezweifelt werden. Der Mensch ist und bleibt der Boss.
Nicht schreien Leise, sogar geflüsterte Kommandos werden vom Hund besser befolgt als laute Rufe. Hunde, die angebrüllt werden, bekommen Angst, reißen aus oder wenden sich sogar gegen ihren Besitzer. Ein ruhiger, bestimmter Ton ist effektiver!
Keine Schläge Diese untergraben das Vertrauensverhältnis. Vertrauen aber ist die Basis jeden Gehorsams.
Nicht zu lange alleinlassen Bei Vereinsamung treten häufig Ersatzhandlungen wie Unsauberkeit, Zerstörungswut etc. auf. Auch viele Krankheiten haben hierin ihren Ursprung.
Keine Langeweile aufkommen lassen Hunde brauchen Aufgaben und Beschäftigung: Hol- und Bringspiele, Suchspiele, Ballspiele oder Sport, zum Beispiel als Begleiter beim Wandern, Skaten, Radfahren oder Joggen.

Probleme und ihre Ursachen

Erziehungsfehler, ererbte Beschützer- oder Jagdleidenschaft, Langeweile sind die möglichen Ursachen **plötzlicher Probleme.** Veränderungen im Rudel (Familie), Trennung, neuer Partner, Geburt eines Babys, neues Tier im Haus. Neue Lebensbedingungen wie Umzug, geänderter Tagesablauf, Futterwechsel, häufigeres Alleinsein, neue Hunde oder eine läufige Hündin in der Umgebung, Störung der Ruhe- und Schlafzeiten.
Ursachen für **sich einschleichende Probleme** sind Beschäftigungs- bzw. Bewegungsmangel, übermäßiges Verhätscheln, fehlende Sozialkontakte zu anderen Hunden, Bevorzugung, traumatische Erlebnisse z.B. beim Autofahren, fehlende Unterordnung, Vernachlässigung.
Hat man erst die Ursache erkannt, lässt sich das unerwünschte Verhalten relativ leicht abstellen bzw. so beeinflussen, dass es ihn nicht mehr belastet. In schwierigen Fällen, oder falls man keine Besserung erzielt, sollte ein Tierpsychologe zu Rate gezogen werden, der fachmännische Hilfe anbietet (Erziehungstipps, Verhaltens- und Bach-Blütentherapie). Wurde die Ursache des plötzlichen oder sich einschleichenden Problems erkannt, hat man schon halb gewonnen.

Wichtig

Das Wichtigste auf einen Blick

- *Die Grundbedürfnisse des Hundes müssen erfüllt werden.*
- *Je früher die Erziehung beginnt, desto besser.*
- *Keine Schläge, keine Schreie, sondern viel Geduld und Lob.*

Die Tricks der Hundetrainer

Die richtige Hunde-Erziehung ist keine Hexerei, sondern basiert auf bewährten Rezepten.

Der Zufalls-Trick

Man sollte seinen Hund beim Gassigehen, beim Spielen und wenn er sich frei in Haus und Garten bewegt, beobachten. Jedesmal, wenn er zufällig etwas tut, was er schon immer lernen sollte, ruft man ihm das entsprechende Kommando zu und lobt ihn sofort überschwänglich. Zum Beispiel das Apportieren: Er spielt mit dem Ball und kommt damit auf seinen Besitzer zugelaufen. Wenn dieser jetzt „Bring's – Braaav!" ruft und sich dabei übertrieben freut, versteht der Hund bald die Bedeutung. Oftmals sitzen solche Zufallsdressuren schneller und besser als mühselig antrainierte Übungen.

Der Gesten-Trick

Ein akustisches Kommando sollte stets mit einer bestimmten gleichblei-

Kommandos sollten durch entsprechende Gesten unterstützt werden.

benden Körperhaltung bzw. Bewegung und Mimik gekoppelt werden. So lernt der Hund z.B.: „Hier!" ist gekoppelt mit einem nach unten zeigenden Zeigefinger und nach vorne gebeugtem Oberkörper. Der Vorteil dieser gekoppelten Kommandos zeigt sich z.B., wenn der Hund seinen Herrn einmal nicht hören kann (Entfernung, laute Umgebungsgeräusche) oder ein Hörproblem hat, das häufig im Alter auftritt. Spätestens dann ist man dankbar für die frühzeitige Einübung der Sichtzeichen.

Der Trick des Verstärkens

Jedes Erfolgserlebnis fördert den Lernwillen des Tieres. Es gibt sicher eine Übung, die der Hund immer und überall ausführt (z.B. Sitz oder Pfötchen geben). Hierauf sollte man bauen, wenn gar nichts mehr klappt. Der Hund wird jedes Mal jubelnd gelobt, als hätte er etwas ganz Einmaliges und Großartiges vollbracht. Auch ein Leckerli ist durchaus angebracht. Er wird sich dann besser auf die nächste Lektion konzentrieren und bald mehrere Kommandos zuverlässig beherrschen, auf die man zurückgreifen kann, wenn er mal wieder keine Lust auf neue Übungen hat.

Der Konsequenz-Trick

Jedes Nachgeben seines Herrchens oder Frauchens nutzt der Hund sofort hemmungslos aus. Daher wird niemals eine Lektion beendet, bevor er sie zur Zufriedenheit ausgeführt hat. Notfalls greift man zu einer Ersatzübung – Hauptsache sie endet mit einem Erfolg! Auch sanfte Gewalt darf und muss in solchen Fällen angewandt werden: Wenn der Hund sich z.B. hartnäckig weigert, ins Auto zu springen, hebt man ihn hinein. Geht er nicht bei Fuß, zwingt man ihn sanft durch die Leine dazu. Wichtig ist, dass der Hund versteht, dass seine Verweigerung ihm nicht weiterhilft. Er muss verstehen, was von ihm verlangt wird und erkennen, dass seine Weigerung zwecklos ist. Setzt er auch nur ein einziges Mal seinen Willen durch, so wird er es jedes Mal wieder versuchen. Ist der Besitzer jedoch der Hartnäckigere, probiert er es nur dieses eine Mal und dann vermutlich nie wieder.

Der Tadellos-Trick

Der Hund wird niemals für etwas geschimpft oder bestraft, was er *nicht getan* hat – das kann er nicht verstehen. Kommt er beispielsweise auf den Ruf hin *nicht*, ist Schimpfen völlig nutzlos, sogar gefährlich, weil er den Tadel mit dem verbindet, was er gerade tat, z.B. Spielen, Schnuppern. Ein ernergisches „Nein" ist nur dann angebracht, wenn der Hund etwas aktiv falsch macht. Unterlassungen müssen unbedingt tadellos enden, also ignoriert werden.

Der Trick des verdienten Lobes

Gelobt wird ebenfalls nur dann, wenn eine *Tat* voranging, keinesfalls aber wenn der Hund etwas nicht tut. Läuft er z.B. auf dem Gehweg brav bei Fuß und lässt sich von einem Hund auf der anderen Straßenseite nicht beeinflussen, wird ihn ein Lob höchstens irritieren, weil er den Grund hierfür nicht kennt. Nur wenn er tut, was ihm per Kommando aufgetragen wurde, gibt es ein dickes Lob und eine Belohnung. Gelobt wird die „gute Tat", nicht das passive „Nichts-Böses-Tun".

Der Trick der kleinen Schritte

Einen Hund durch ständiges Training zu überfordern, macht ihn dauerhaft lernunfähig. Lektionen sollten keinesfalls länger als 15 Minuten dauern. Daher übt man lieber öfter, aber in kurzen Sequenzen und verlangt nicht mehr von ihm, als er körperlich und mental zu leisten im Stande ist. Der Frust verdirbt sonst beiden den Spaß am gemeinsamen Training.
Bevor man eine neue Lektion beginnt, zeigt man dem Vierbeiner, wie toll er ist, indem man ihn einfache Übungen wie „Sitz" absolvieren lässt und sich riesig darüber freut, wenn er diese korrekt zeigt.
Diesbezüglich ist der Hund dem Menschen sehr ähnlich: Wenn er gern und mit Freude lernt, lernt er schneller!

Wichtige Eigenschaften eines Hundeerziehers

Bei jedem Erziehungstraining sollte die Stimmung freundlich sein. Neben der unbedingt nötigen Autorität muss ein Hundeerzieher daher folgende Eigenschaften haben:

Geduld im Übermaß Egal wie ablenkbar oder schwer von Begriff sich der Hund auch zeigen mag, man darf niemals die Nerven verlieren. Auch wenn der Hund unwillig scheint, muss der Erzieher die Freude an jeder Übung behalten und diese auch zeigen.

Konsequenz Jede Übung wird so lange wiederholt, bis sie tatsächlich sitzt. Niemals darf der Hund eine Übung abbrechen, der Trainer muss sie beenden. Die Übung muss immer wieder wiederholt werden, später als fester Bestandteil der „Aufwärmübungen" einer Trainingseinheit.

Freundlichkeit In der sanften Hundeerziehung arbeitet man weder mit Drohungen noch mit Einschüchterungen. Die Stimmung während des Übens sollte harmonisch und freundlich sein – jedoch sollte man dem Hund keinesfalls alles durchgehen lassen. Eine angemessene freundliche Strenge ist die richtige Mischung.

Entspanntheit Unter Termindruck oder Stress kann man nicht entspannt mit dem Hund trainieren. Je entkrampfter und ruhiger das Training abläuft, um so leichter gelingen die Übungen. Durch eine vorhandene Spannung würde der Hund unruhig und verunsichert.

Korrekte Selbsteinschätzung Diese beginnt bereits bei der Rassenauswahl. Ein Hunde-„Anfänger" sollte sich als ersten Hund z.B. nicht unbedingt einen Hütehund oder einen Kampfhund aussuchen. Auch ein eventuell bereits durch falsche Erziehung oder Aggressionsverhalten vorbelastetes Tier ist sicherlich nicht die richtige Wahl. Hund und Herr sollten zueinander passen, ein ähnlich lebhaftes oder ruhiges Temperament aufweisen. Aber auch nach dem Motto „Gegensätze ziehen sich an" findet z.B. ein Choleriker in einem ausgeglichenen Hund den richtigen Partner – ebenso wie ein Phlegmatiker in einem lebhaften Hund den idealen Begleiter finden kann. Manche Hunderassen bedürfen wirklich eines erfahrenen Hundehalters, um sich optimal zu integrieren und sich nicht zum Problemhund zu entwickeln. Niemand sollte sich selbst überschätzen und ggf. rechtzeitig Hilfe suchen (Hundeverein, Tierpsychologe).

Stimmbeherrschung Befehl, Lob und Tadel müssen in einem dem Hund verständlichen Tonfall ausgeprochen werden. Hieran erkennt der Hund die Entschlossenheit, Zufrieden- oder Unzufriedenheit seines Herrchens. Brüllen ist absolut unnötig, da Hunde sehr gut hören. Lediglich der Tonfall ist ausschlaggebend.

Für bestimmte Kommandos sollten immer die gleichen Worte verwendet werden und in gleicher Tonart mit entsprechender Mimik oder Gestik unterlegt werden. Die Worte lösen im Hundehirn sozusagen den Ablauf von Handlungen aus, was wir gehorchen nennen.

Vor allem: Bei den Übungen nicht zuviel reden! Wer mit seinem Hund daheim oder während des Spazierganges ständig spricht, braucht sich nicht zu wundern, wenn der Hund „abstumpft" und ein echtes Kommando überhört. Woher soll er auch wissen, dass er nun plötzlich direkt gemeint ist?

Kontrolle der Bewegungen Der Hundetrainer sollte seinen Körper, seine Arme und Beine in der Gewalt haben. Herumzappeln und unkontrollierte Bewegungen verwirren den Hund. Hunde verstehen meisterlich unsere Körpersprache und können auf feinste Bewegungen reagieren. Stimmen nun jedoch Körpersprache und Befehl nicht überein, wird der Hund unsicher.

Zu jedem Befehl sollte man sich eine passende Handbewegung angewöhnen, zum Beispiel bei „Komm" ein Heranwinken der Hand, bei „Sitz" ein Senken der flachen Hand, bei „Bleib" ein aufrechtes Zeigen der Handfläche usw.

Verbote ja, aber richtig!

Ein kleiner Unterschied und seine große Wirkung – einige typische Fallbeispiele zeigen: Nur dann, wenn eine Aktion immer und überall unerwünscht bzw. verboten ist, hilft ein Verbotswort dem Hund, zu verstehen, was er niemals tun darf. Hier einige Beispiele.

Der Hund trottet während eines Spazierganges gemütlich neben seinem Besitzer her. Der Duft grasender Kühe lässt ihn ruckartig den Kopf heben und schon stürmt er unter wildem Gebell los in Richtung Herde – bis ein donnerndes „Pfui" erschallt. Unangenehme Erinnerungen wirbeln durch das Gehirn des Hundes. „Pfui!", das weiß er, zieht empfindliche Maßnahmen nach sich. Besser ist es, er lässt, was er gerade tut. Und tatsächlich wird er für seine Rückkehr von seinem Herrchen freundlich gelobt und durch Streicheln, Leckerli oder eine kurze Spielrunde belohnt.

Das Grillfest bei den Nachbarn ist in vollem Gang. Der Hund tobt durch den verwilderten Garten und die Besitzer freuen sich, dass sich alle über ihren netten Hund amüsieren – als dieser sich plötzlich und völlig ohne schlechtes Gewissen vor die Hecke neben der Gartengarnitur begibt, den Rücken krümmt und einen prächtigen Haufen ablegt. „Pfui!" schreit der Besitzer peinlich berührt mit hochrotem Kopf und erntet einen verständnislosen Blick aus bekümmerten Hunde-Augen. Denn diesmal hat es im Hundehirn nicht gefunkt. Schließlich hat er nur getan, was er musste und was er normalerweise darf, unter einem Busch ...

Der Tag danach: Gehorsamstraining während des Spazierganges: Der Hund soll nun endlich lernen, sitzen zu bleiben, wenn sich der Besitzer von ihm entfernt. Lehrbuchmäßig lassen Sie ihn „Sitz" machen und gehen langsam weg, ein knappes energisches „Bleib" folgt als Kommando und was tut der Hund? Er spurtet eifrig los und weicht nicht mehr von Ihrer Seite. „Pfui!" Jetzt zerbricht die heile Welt endgültig. „Pfui?" Obwohl er Fuß gegangen ist? Da bleibt dem Hund nur eine einzige Schlussfolgerung: „Pfui" gilt überhaupt nicht ihm, es hat nichts zu bedeuten, verunsichert ihn. Besser, er hört weg, wenn dieses Wort ertönt. Und so entwickelt sich aus dem Hund ein sturer Dickschädel, der mal gehorcht und ein anderes Mal nicht – gerade wie es ihm in den Sinn kommt. Und warum?

Weil drei Mal dasselbe Verbots-Wort für im Hundeverständnis völlig verschiedene Wünsche ausgesprochen wurde. Er kann dieses „Pfui!" nicht eindeutig zuordnen, es irritiert und verwirrt ihn – also ignoriert er es einfach.

35 bis maximal 40 Worte im Durchschnitt lernt ein Hund akustisch und ordnet sie einer Bedeutung zu (bei intensivem Training und großer Lernbereitschaft des Tieres ist auch eine größere Anzahl möglich). Bei allen anderen Kommandos orientiert er sich weniger am Wort selbst, sondern stärker am Tonfall (tadelnd, zufrieden, jubelnd), an der Mimik oder Gestik seines Besitzers.
Zu den „echten“ unmissverständlichen Worten gehört der Name, meist auch einige Grundlektionen wie „Sitz“, „Platz“, „Hier“ oder „Komm“. Und es sollte auch ein Wort für absolute Verbote dabei sein. Ob man sich hierbei für „Nein“, „Nicht“ oder „Pfui“ entscheidet, spielt kaum eine Rolle. Wichtig ist, dass der Hund sofort erkennt, was er *niemals* tun darf. Deshalb muss das „Pfui“ immer dann eingesetzt werden, wenn er etwas immer und überall verbotenes beginnt (z.B. Betteln, Jagen, Beißen ...) – und nur dann!
Wenn er etwas einmal darf und ein anderes Mal unterlassen soll (z.B. „Eindringlinge“ verbellen), lehren Sie ihn mit einem anderen Wort!
Gilt also „Pfui“ für niemals, kann z.B. „Nein“ die Bedeutung „Nicht jetzt, nicht hier“ erhalten.
Bei falsch ausgeführten Kommandos (z.B. „Sitz“ statt „Fuß“) verwendet man ein anderes Wort – z.B. „Nicht“ oder besser noch gar keines, sondern man wiederholt seinen Wunsch und hilft dem Hund durch Gesten und Mimik, ihn zu verstehen.
Es kostet viel Mühe und Geduld, sich als Mensch mit dem uns eigenen riesigen Wortschatz und der ungeheuer komplizierten Redeweise auf nur wenige, dafür aber klare und unmissverständliche Worte zu beschränken. Im Umgang mit dem Hund ist dies jedoch unumgänglich, denn nur dann kann man von ihm erwarten, dass er die Grundbegriffe der Menschensprache versteht.

Haben Hunde ein schlechtes Gewissen?

Wenn ein vierbeiniges Häufchen Elend bei Frauchens oder Herrchens Heimkehr hinter der Tür sitzt, nur schwach mit dem Schwänzchen scheinbar um Verzeihung wedelt, sich schier vor schlechtem Gewissen zu krümmen scheint – was ist dann passiert?
Es hat etwas ausgefressen. Völlig klar! Das verbotene Buddeln im Garten hat Spuren hinterlassen, ein Sofakissen ist zerfetzt oder der Mülleimer wurde wieder einmal ausgeräumt und alles, was nicht fressbar war, ist in der gesamten Wohnung verstreut. Schimpfen, Strafe und dann irgendwann die Versöhnung – alles bis zum nächsten Mal, wenn das Häuflein Elend wieder einmal bei der Heim-

Aus menschlicher Sicht mag es so scheinen ... aber Hunde kennen kein „schlechtes Gewissen".

kehr mit schlechtem Gewissen ...
Allgemein wird gesagt, Hunde können kein schlechtes Gewissen haben – und genau so ist es auch: Denn Hunde können das schlechte Gewissen nicht *haben*, sondern nur *zeigen*! Und das ist kein Widerspruch. Was sie uns zeigen, ist einzig und allein ihre Angst vor Strafe. Und diese Angst sitzt tief, denn das hat sie die Erfahrung ja nun oft genug gelehrt, was geschieht, wenn der Mülleimer mal wieder geplündert wurde oder man etwas zerkaut hat, was eindeutig kein Hundespielzeug war.
Dass hinter dieser Erfahrung die Einsicht steht, etwas Falsches getan zu haben, scheint nur uns Menschen auf den ersten Blick logisch. Man fragt sich in diesem Fall: Wenn er sich nicht schuldig fühlen würde, weshalb ist der Hund dann schon zerknirscht, bevor Herrchen die Übeltat überhaupt entdeckt hat? Die Antwort ist einfach und verblüffend: Der Hund weiß aus Erfahrung, dass in einer bestimmten Situation Schimpfen oder gar eine Strafe unabänderlich auf ihn wartet. Er weiß nur nicht, warum bzw., dass er selbst „schuldig" war, indem er etwas tat, um diese Strafe zu bekommen. Die Untat ist viel zu lange vom Zeitpunkt der Bestrafung entfernt, als dass der Hund hierbei einen Zusammenhang herstellen könnte. So fühlt er sich nicht schuldig, sondern er weiß bestimmte Umstände (z.B. verstreuter Abfall) als Auslöser für die folgende Strafe zu erkennen.
Es ist sehr schwer, in diesen Fällen nicht „vermenschlichend" zu denken.

Ein Experiment macht dies deutlich und ist einfach von jedermann durchführbar: Eigenhändig vor den Augen des Hundes den Müll auskippen, kommentarlos weggehen, wiederkommen und die Reaktion des Hundes beobachten.
Vermutlich wird der Hund schon beim Auskippen unruhig und nervös und bei der Rückkehr wird er das gewohnte Bild des „schlechten Gewissens" zeigen. Dabei müsste der Hund – nach menschlichem Denkvermögen – doch wissen, dass er diesmal gar nicht an dem Schlamassel Schuld war ...
Der Hund verknüpft ausschließlich folgende Faktoren: Herumliegender Müll in Verbindung mit der Heimkehr des Besitzers bedeutet Schimpfe oder gar Strafen! Die Tat an sich bringt er damit überhaupt nicht in Zusammenhang. Ihm fehlt also jegliche Form der Einsicht!
Hunde verstehen demnach Verbote und Strafen nur, wenn sie unmittelbar auf frischer Tat bei etwas Verbotenem ertappt und damit konfrontiert werden. Und auch dann ist es nur ein Verbot oder Gebot, welches (hoffentlich) akzeptiert wird und keinesfalls eine Einsicht über ein schlechtes Verhalten. Hierzu fehlt dem Tier ein moralisches Wertesystem, wie es nur uns Menschen eigen ist. Es wird aber häufig irrtümlicherweise auf die Tiere übertragen.

Das „schlechte Gewissen" ist also nur ein Wissen um die kommende Strafe und die Angst davor – nicht mehr und nicht weniger!

Gut zu wissen

Da es auch im Hunderudel Verhaltensregeln im Zusammenleben gibt, sind Hunde fähig, auch die wichtigsten Regeln der Menschen zu lernen.
Aber: Die Denkweise der Menschen verstehen Hunde nicht!

Die logische Konsequenz für uns Menschen muss sein: Eine verspätete Strafe ist vollkommen zwecklos – die einzig sinnvolle Erziehungsmethode liegt darin, den Hund in entsprechenden Situationen zeitnah zu ertappen, damit er die Verbindung zwischen „Tat und Strafe" herstellen und hieraus lernen kann.
Und wenn diese völlig sinnlosen Bestrafungen aufhören, wird der Hund sein Frauchen/Herrchen bald wieder freudig schwanzwedelnd beim Nachhausekommen begrüßen – ohne „schlechtes Gewissen". Er sollte nun durch eine durchdachte Erziehung gelernt und verstanden haben, was man darf und was nicht. Sollten dennoch scheinbar unlösbare Probleme auftreten, so sollte sich ein Hundehalter nicht scheuen, professionelle Hilfe z.B. durch einen Tierpsychologen zu suchen. Auch eine gezielte

Bach-Blütentherapie kann gerade bei Zerstörungswut oder anderen Neurosen aufgrund des Alleinbleibens sehr hilfreich sein.

Missverständnisse zwischen Mensch und Hund

Der Hund schließt sich aufgrund der Domestikation eher dem Menschen als einem Artgenossen an. Trotzdem lebt er in seinem Familienrudel ähnlich wie in einem Hunderudel. Er kann zwar sehr gut zwischen Mensch und Hund unterscheiden, der Mensch ist für ihn jedoch eine Art „Überhund" und er erwartet daher vom Menschen ein gewisses hundeähnliches Verhalten.

Der Mensch misst häufig seinen Hund mit menschlichen Maßstäben, wodurch es zu Missverständnissen im alltäglichen Zusammenleben zwischen Mensch und Hund kommen kann.

Als erstes großes Missverständnis gilt, dass viele Hundebesitzer der Meinung sind, ihren Hund einzuengen oder zu unterdrücken, indem sie ihn ausbilden, erziehen und mit ihm arbeiten. Dabei ist genau das Gegenteil der Fall. Auch in der freien Wildbahn sind Wildhunde oder Wölfe ständig gefordert. Sie erlegen Beutetiere und müssen hierfür ihre Jagdstrategien entwickeln. Um die einzelnen Rangpositionen im Rudel wird gekämpft und das rudeleigene Territorium muss gegen Eindringlinge verteidigt werden. All diese Beschäftigungen wurden dem Hund genommen. Um ihn geistig wach zu halten, ist eine entsprechende Beschäftigung unbedingt erforderlich!

Das zweite Missverständnis liegt darin, dass der Mensch das Gefühlsleben seines Hundes oft mit seinen eigenen menschlichen Maßstäben misst. Dem Hund jedoch fehlt das wirkliche Verstehen der menschlichen Gefühle – er spürt lediglich unsere Stimmungen. Ist der Mensch guter Dinge und fröhlich, so überträgt sich diese positive Ausstrahlung auf den Hund. Ist man traurig oder gereizt, so ist auch der Hund bedrückt und angespannt. Er ist durch das veränderte Verhalten seines Menschen verunsichert, weiß aber nicht, was in diesem wirklich vor sich geht.

Ein Hund hat auch kein Gewissen im menschlichen Sinn – für ihn gibt es keinerlei Einteilung in Gut und Böse. Lediglich die angeborene Unterwürfigkeit und eine gewisse Angst vor Bestrafung – aufgrund erlernter Handlungsfolgen – macht für den Menschen den Eindruck eines schlechten Gewissens. Durch entsprechende Beschwichtigungsgesten will der Hund erreichen, dass er im „Rudel" bleiben darf, obwohl er gegen eine Regel verstoßen hat.

Das dritte Missverständnis zeigt sich darin, dass es leider Hundehalter gibt, welche die Bedürfnisse ihres Hundes erheblich unterschätzen. Sie glauben, dass ihr Hund im Zwinger gut aufgehoben wäre, sich dort sogar wohl fühle und kurze Besuche auf dem Hundeplatz ausreichen. Nach „Gebrauch" wird der Hund wieder „weggeräumt". Derart isoliert gehalten und eventuell sogar noch laienhaft „scharf" gemacht, gehen von diesen bemitleidenswerten Tieren oft große Gefahren aus. Verhaltensstörungen sind hier vorprogrammiert, werden von diesen Hundehaltern jedoch meist zu spät erkannt, da oftmals die entsprechende Sensibilität dem Tier gegenüber fehlt.

Die Tricks der Hunde

Sträubt sich ein gesunder Hund gegen sämtliche Anweisungen und Befehle seines Besitzers, so ist bei der Grunderziehung etwas schief gegangen. Entweder ging der Halter zu heftig oder brutal vor und hat dadurch den Hund vollkommen verunsichert, oder das Dominanzverhältnis zwischen Mensch und Hund hat sich zugunsten des Hundes verschoben. Ebenso schlimm ist ein launischer, für das Tier unberechenbarer Besitzer, der ein bestimmtes Verhalten einmal duldet und das nächste Mal streng bestraft. Dies verwirrt den Hund maßlos und kann echtes Fehlverhalten hervorrufen.

Manchmal ist der Hund auch nur in bestimmten Situationen ungehorsam. Oft fallen die Besitzer dabei auf weitverbreitete „Tricks" der Hunde herein, die diese geschickt anwenden, um sich einen Vorteil zu verschaffen:

Unterwürfige Dominanz Dies ist ein bei Hunden generell beliebtes Mittel, um sich letztlich doch noch durchzusetzen. Bei ungeliebten Kommandos, z.B. Platz, wird vom Hund durch eine andere Handlung (z.B. Pfötchen geben) abgelenkt. Geht der Besitzer hierauf durch Halten der Pfote ein, so hat der Hund durch sein Ablenkungsmanöver Erfolg. Ignoriert man als Hundehalter derartige Versuche, so wird der Hund die Nutzlosigkeit einsehen und das entsprechende Kommando immer schneller befolgen.

Aufmerksamkeit erzwingen Die meisten Hunde sonnen sich in der Liebe ihrer Besitzer. Manche versuchen jedoch ständig, die Aufmerksamkeit ihrer Menschen zu erzwingen (Anstupsen mit Maul oder Pfote, Ablecken, kurzes aufforderndes Bellen, ständiges Begleiten). Wenn alles nicht zum gewünschten Erfolg führt, folgen häufig drastischere Mittel: Hierzu gehören alle Handlungen aus Eifersucht, die bis zum Beißen des scheinbar störenden Objektes führen können. Dies erlebt man häufiger bei Hunden, welche sich nach der Geburt eines Babys vernachlässigt fühlen. Aber auch Eifersucht auf den Partner

In seinem Familien-Rudel fühlt der Hund sich sicher und geborgen.

spielt häufig eine Rolle. Manche Hunde entwickeln stereotype Bewegungen, um sich bemerkbar zu machen. Wenn man hierauf reagieren würde, würde sich die Situation verschlimmern. Es hilft nur Nichtbeachtung! Auch eine Schmerzvortäuschung kommt nicht selten vor (z.B. wenn der „wasserscheue" Hund den Spaziergang im Regen nicht mag). Futterverweigerung kann ebenfalls eine Protesthandlung darstellen und sollte genauso ignoriert werden. Einem gesunden erwachsenen Hund schaden 1–2 Hungertage nicht! Das Futter wird einmal täglich frisch angeboten, nach einer Viertelstunde kommentarlos entfernt – unabhängig davon, ob und wieviel der Hund gefressen hat. Bei einem Welpen lässt man nur eine Mahlzeit ausfallen. Besonders Hunde, die sonst im Mittelpunkt stehen, reagieren heftig bellend, notfalls sogar durch Schnappen auf Besucher, die ihnen die Vormachtstellung streitig machen könnten. Bei derartigen Störungen darf der Besitzer auf keinerlei Annäherungsversuche des Hundes eingehen. Spiel- und Schmusezeiten werden ausschließlich vom Mensch begonnen und beendet. Heftige Reaktionen des Hundes bei Besuchern werden konsequent ignoriert. Auch wenn es Überwindung kostet, so dürfen auch Übersprungshandlungen – wie z.B.

Protestpinkeln vor den Augen des Besitzers innerhalb der Wohnung – keinesfalls beachtet werden. Erst wenn der Hund lernt, dass er durch sein Verhalten absolut keinen Vorteil erzielen kann, wird dieses umkehrbar sein.

Auch Tadel bedeutet Zuwendung!
Sogar Strafe wird als Zuwendung interpretiert, sobald dies eine Reaktion auf das Aufmerksamkeit fordernde Verhalten des Hundes ist. Der allein gelassene Hund bellt, um seinen Besitzer zurückzurufen. Gelingt ihm dies, wird auch eine Schelte in Kauf genommen. Man sollte daher nur zurückkommen, wenn der Hund gerade still ist und ihn dann ausgiebig loben.

Rasche Gewöhnung an starke Reize wie Stachelhalsband, Anschreien Hunde sind Gewohnheitstiere. Besonders die Hartgesottenen lassen sich nach kurzer Zeit von einer gleich bleibenden – auch starken – Einwirkung nicht mehr beeindrucken. Wer stets sehr laut mit dem Hund spricht, erreicht nur, dass der Hund sein Brüllen irgendwann ignoriert. Hunde hören ausgezeichnet. Je leiser und ruhiger man mit ihnen spricht, desto aufmerksamer reagieren sie und desto mehr „Reserve" in Stimme und Lautstärke ist für einen eventuellen Notfall vorhanden. Das (kurzzeitige) Anlegen eines Stachelhalsbandes bei einem an der Leine ziehenden Hund ist nur – wenn überhaupt – erfolgreich, wenn es in Verbindung mit einer fachmännischen Erziehung erfolgt. Auf guten Hundeplätzen sind Stachelhalsbänder jedoch glücklicherweise verpönt und werden nicht geduldet. Früher oder später wird der Hund gefühllos gegenüber dem Schmerz und das alte Problem wird sich verschärfen. Sanfte Hilfsmittel, wie z.B. das Halti, sind in jedem Fall vorzuziehen.

Die Schwächen des Hundehalters ausnutzen Hunde kommunizieren viel feiner als früher angenommen und sie beobachten die Menschen in ihrer Umgebung sehr genau. Der Hund bemerkt viele Gewohnheiten an seinem Menschen, die diesem häufig gar nicht bewusst sind. Schwächen werden erbarmungslos ausgenutzt. Vor allem in Bezug auf Konsequenz und Ausdauer kennt der Hund die Grenzen seines Herrn oft ganz genau. Diese testet er z.B. durch ein Aufmerksamkeit erregendes Verhalten aus, indem er zunächst seine Bemühungen stets weiter verstärkt, bevor er irgendwann „aufgibt" und das unerwünschte Verhalten langsam verblasst.

Wunschzettel eines Hundes

Ein hundegerechtes Zuhause Einen schönen Schlafplatz, wo er sich in Ruhe zurückziehen kann, eigene Futternäpfe, vernünftige und ausgewogene Ernährung, ausreichend Spielzeug, viel Bewegung und vollen Anschluss ans Familienrudel.

Die Gemeinschaft im Rudel Der feste Platz im Familienrudel gibt dem Hund Sicherheit und Selbstvertrauen. Ebenso wie ein Wolf braucht er die soziale Gemeinschaft, um nicht früher oder später zum Problem zu werden. Besonders wichtig ist die geklärte Rangfolge, denn nichts ist Hunden mehr zuwider als „ungeklärte Beziehungen“. Sie brauchen ein Leittier, das sie führt und notfalls zurechtweist. Der Boss darf nicht inkonsequent sein, denn das betrachtet ein Hund als Schwäche und Aufforderung zu einer Kraftprobe. Alle Familienmitglieder – auch die kleinen – müssen sich dem Hund gegenüber konsequent und bestimmt verhalten. Verbote gelten generell!

Abwechslung und Aufregung Eine neue Route fürs Gassigehen, eine andere Stadt, ein fremder Park – manchmal genügt schon die andere Straßenseite, aufregende neue Hundebekanntschaften, neue Gerüche und Geräusche: Ein Hund, der viel erlebt, ist ausgeglichen und glücklich. Und vor allem einer, der immer und überall mit dabei ist. Hunde brauchen außerdem Aufgaben, die sie erfolgreich bewältigen können, z.B. Apportieren.

„Zeitunglesen“ Wer meint, für seinen Hund sei die reine Bewegung das einzig Wahre, der irrt gewaltig. Jeder Hund braucht Zeit, um die Welt ausgiebig mit der Nase erkunden zu können. Er „liest“ damit tausend wichtige Nachrichten. Hunde, die ständig neben Herrchens Fahrrad joggen müssen ohne gemütliche Freilaufzeit, sind arme Hunde. Noch ärmer dran sind Hunde, deren Besitzer meinen, der eigene Garten reiche als Auslauf für das Tier völlig aus und Spazieren gehen sei nicht nötig. Die Ärmsten sind jedoch die Zwingerhunde, die ein- oder zweimal täglich „befreit“ werden, um an kurzer Leine bei Fuß neben ihrem Besitzer herzulaufen. Es wird keinerlei Kontakt zu Artgenossen geduldet und nach der notwendigen Entleerung geht's sofort wieder zurück ins Gefängnis. Weshalb bloß halten sich diese „Hundefreunde“ ein Tier, wenn sie nicht bereit sind, auf dessen Grundbedürfnisse einzugehen? Zum Glück genießt der überwiegende Teil der Hundefreunde die gemeinsamen ausgiebigen Spaziergänge in Feld und Wald genauso wie ihr Hund.

Spielspaß Das Spiel hat für Hunde jeden Alters eine große und zentrale Bedeutung. Sie können sich austoben, ihre Kräfte messen, die Fitness testen und verbessern. Und im gemeinsamen Spiel mit Herrchen oder Frauchen wird die harmonische Bindung gefestigt. Bereits dem Welpen sollte ausreichend hundgerechtes ungefährliches Spielzeug zur Verfü-

Spielen macht stark und hält fit – fast alle Hunde lieben Zerrspiele.

gung stehen – umso geringer ist die Wahrscheinlichkeit, dass er sich über die Schuhe von Herrchen oder Frauchen hermacht. (Übrigens kann ein Hund nicht zwischen einem alten – erlaubten und einem neuen – verbotenen Schuh unterscheiden!)

Eigentlich ist es einfach. Aber offensichtlich doch sehr kompliziert, denn fast immer liegen hier in Haltung und Umgang die Wurzeln der Verhaltensstörungen. Wer sich einen zufriedenen, lieben und gehorsamen Hund wünscht, der muss sich mit ihm verständigen können. Das heißt, den Hund richtig zu verstehen, seine Ausdrucksmöglichkeiten richtig einzuordnen und vor allem, sich selbst eindeutig verständlich zu machen. Deshalb ist es zuerst notwendig, die Grundmuster des Hundeverhaltens zu kennen: Der Hundehalter muss wissen, was der Hund ihm durch Laut- und Körpersprache mitteilen will und wie ein Hund lernt.

Von enormer Wichtigkeit ist auch ein Grundwissen über die Entwicklungsphasen des Junghundes und warum oft schon im Welpenalter spätere Verhaltensfehler vorprogrammiert werden.

Vom Welpen zum Familienmitglied

Das erste Lebensjahr im Leben eines Hundes ist das wichtigste. Und besonders in den ersten drei Monaten werden die Weichen für das gesamte Hundeleben gestellt. Was in dieser Zeit versäumt wird, ist kaum noch nachzuholen.
Viele Verhaltensstörungen sind auf mangelnde Prägung und falsche Erziehung in diesen so wichtigen Monaten zurückzuführen.
Auch die Erziehung klappt am besten, wenn bestimmte Übungen in bestimmten Zeiträumen abgehalten werden: In den Entwicklungsphasen des Welpen, in denen er für sein ganzes Leben geprägt wird.
Gerade die ersten zehn Wochen – die Zeit, die der Welpe mit den Geschwistern noch bei seiner Mutter und seinem Züchter verbringt – wird leider häufig immer noch zu wenig Bedeutung beigemessen.

Die Entwicklunglungsphasen

In der ersten bis dritten Lebenswoche zählt für den Welpen ausschließlich seine Mutter. In der dritten bis sechsten Woche öffnen sich Augen und Ohren.
Ab der sechsten Woche wird die Umwelt erforscht, mit Brüdern und Schwestern gerangelt und die Toiletten-Ecke aufgesucht, da eine Hemmung besteht, das eigene Lager zu verschmutzen. Die Entwöhnung von der Mutter beginnt nun. Die Mutter verlässt das Wurflager inzwischen öfter und länger.
Ab der achten Woche kann der Welpe zwischen Bekannten und Fremden unterscheiden. Zu diesem Zeitpunkt wird geeignetes Spielzeug wichtig, um das Kaubedürfnis zu befriedigen. Erste Beiß- und Nageversuche müssen sanft unterbunden werden.

Gut zu wissen

Beim Kauf eines Welpen sollte man darauf achten:
- *dass die Welpen Menschenkontakt haben und schon beim Züchter auf alltägliche Begebenheiten vorbereitet werden,*
- *dass die Hunde in Ruhe aufwachsen können und nicht schon in diesem Alter Lärm und einer stressreichen Umgebung ausgesetzt sind,*
- *dass die Welpen möglichst innerhalb der Familie ihre ersten Lebenswochen verbringen – dies ist wesentlich mehr wert als ein supermoderner Zwinger.*

Viel Bewegungsfreiheit und die Chance alles kennen zu lernen – so wird er selbstbewusst und sozial.

Die Sozialisierungsphase (10. – 12. Woche)

Während dieser Zeitspanne kommt der Welpe in seine neue Familie und nun wird die Partnerschaft zwischen Mensch und Hund geprägt. Aber auch der Kontakt zu Artgenossen ist enorm wichtig (siehe Welpenspielgruppen, Seite 52). In diesen Wochen erfolgt die Erziehung zur Stubenreinheit, er lernt erste Spaziergänge an der Leine sowie das Autofahren kennen. Beim Spielen nimmt ihm das neue Herrchen/Frauchen ab ubd zu das Spielzeug weg, um die Rangordnung zu festigen. Um ihn nicht zu frustrieren, wenn er seine Beute abgeben muss, wird die Situation mit viel Lob und Belohnungslekkerli ausgeglichen. Diese zwei Wochen bedeuten ein ausgefülltes Programm für Mensch und Hund. Der Welpe darf jedoch keinesfalls durch übertriebene Erziehungsversuche überanstrengt werden! Spielerische Übungen sollten nicht länger als 15 Minuten dauern und stets mit einem positiven Ergebnis beendet werden. Geduld und Konsequenz sind bereits jetzt die wichtigsten Erziehungsmethoden.

Die Rangordnungsphase (13. – 16. Woche)

In diesen drei Wochen versteht der Welpe am besten, dass Strafe und Tadel die Folge von Dingen sind, die er nicht tun darf. Er ist enorm lernfähig

und merkt, dass sein Mensch die Autoritätsperson ist, der er sich unterordnen muss und auch, dass alles Lob und Gutes, was ihm widerfährt, von diesem Menschen kommt. Der Welpe befindet sich jetzt sozusagen im Kindergartenalter. Wer in dieser Phase versäumt, seine eigene Autorität durchzusetzen, wird immer wieder mit seinem Hund Probleme bekommen, da dieser stets versuchen wird, der Boss zu sein. Jetzt lernt der Welpe auch, dass er Menschen nicht anspringen soll, Kommandos wie „Sitz“, „Platz“, „Komm“, und dass Betteln nicht erlaubt ist. Auch kurze Phasen des ersten Alleinbleibens müssen bereits in dieser Zeit geübt werden, ebenso wie die wichtigen Kommandos „Aus“ und „Pfui“.
Spätestens jetzt sollte der junge Hund möglichst viele Kontakte zu anderen Tierarten und fremden Menschen haben. Die vielfältigsten Umweltreize (Menschenansammlungen, Straßenverkehr usw.) sollten ihm jetzt – behutsam und stressfrei – in dieser Sozialisierungsphase angeboten werden. In der Welpengruppe sollte er mit Artgenossen spielen und erste spielerische Lernübungen absolvieren.

Die Umweltphase (17. – 24. Woche)

In dieser kritischen Zeit festigt sich das Umgebungsbewusstsein des Hundes. Er erfasst bewusst seinen Lebensraum und reagiert auf alle Veränderungen ängstlich und nervös. Die motorischen Fähigkeiten werden weiterentwickelt, die Umwelt erobert und die psychischen Reaktionen auf die Umweltreize gelernt. In dieser schwierigen Zeit bis zur 20. Woche sollten Sie dem Hund nichts Neues beibringen, sondern das bisher Gelernte vertiefen. Ab der 20. Woche wird der junge Hund sozusagen „schulreif“ und beginnt selbständig zu werden. Nun ist eine feste, aber sanfte Hand nötig und noch mehr Geduld als bisher! Nun kann er das korrekte Laufen an der Leine mit Kehrtwendungen, Anhalten und Setzen lernen.
Das Sozialverhalten gegenüber Artgenossen entwickelt sich und wird auf den jeweiligen anderen Hund fein abgestimmt. Im Sozialverhalten dem Mensch gegenüber entwickelt sich ein eigenes Schema.

Die Pubertätsphase (6. – 12. Monat)

Viele Halter eines Junghundes stöhnen jetzt über das flegelhafte Benehmen ihres Hundes. Er „vergisst“ Gelerntes, lehnt sich gegen Ge- und Verbote auf und testet ständig seine Grenzen aus. Besondere Probleme bereiten häufig die Rangordnungskämpfe zwischen Hund und Mensch. Während der Pubertät versucht ein Hund nicht selten, in der familiären Rangordnung stufenweise aufzusteigen. Meist treten

Die wichtigsten Kommandos (hier „Sitz") sollte bereits der junge Hund beherrschen.

erste derartige Störungen im Zusammenleben des Hundes mit den Kindern der Familie auf, die die Schwächsten in »seinem Rudel« sind.
Wird der Junghund jetzt nicht zu grundsätzlichem Gehorsam erzogen, so ist er verzogen und weitere Verhaltensprobleme sind vorprogrammiert. Erschreckend häufig liegen die Ursachen von Aggressionsstörungen und Dominanzproblemen in einer nicht konsequenten Erziehung des Hundes während dieser Pubertätszeit.
Ab dem 7. Monat – je nach Rasse auch später – hebt der Rüde sein Bein, um sein Revier zu markieren, und die Hündin kann zum ersten Mal läufig werden. Bei einzelnen Rassen reifen bestimmte Instinkte (Verteidigungs- und Schutzverhalten) oft erst nach zwei bis drei Jahren. Der Hund sollte nun an der Leine sowie frei laufend allen Kommandos gehorchen. Versäumnisse in der Erziehung sollten nun schnellstens nachgeholt werden! Es ist zwar nie zu spät – auch ein alter Hund ist durchaus noch lernfähig –, aber je früher man mit der konsequenten Erziehung beginnt, um so leichter wird es für Hund und Halter und um so besser wird er das Gelernte sein Leben lang beherrschen.

Das Erwachsenwerden

Mit 12 – 18 Monaten (je nach Rasse) kommt mit der Geschlechtsreife das Ende der Welpenzeit. In dieser Zeit der „Pubertät“ treten häufig Probleme wie Streunen, Ungehorsam, Launenhaftigkeit etc. auf. Nun ist einiges an Konsequenz, Geduld und vor allem viel Zuwendung nötig. Hat der Junghund das nötige Vertrauen zu seinem Besitzer, so lassen sich all diese „Teenager-Probleme“ mit dem nötigen Fingerspitzengefühl schon im Ansatz beheben. Zur Zeit der Geschlechtsrei-

Gut zu wissen

Konsequenz

In der Hundeerziehung finden sich viele Parallelen zur Kindererziehung: Behutsames, aber konsequentes Vorgehen ist äußerst wichtig. Tatendrang und Neugier dürfen nicht bestraft werden, sondern müssen in die richtigen Bahnen gelenkt werden. Alle Familienmitglieder müssen „an einem Strang ziehen“, damit der junge Hund genau weiß, woran er ist. Er merkt sonst sehr schnell, bei wem er sich evtl. mehr herausnehmen darf, wer nachgiebiger ist.

Beißspiele sollten auf passende Spielsachen gelenkt werden. Wilde Spiele, wobei der Hund zu fest in Hände/Kleidung zwickt, werden sofort abgebrochen. Er muss lernen, dass menschliche Haut sehr viel empfindlicher ist, als das Fell seiner Artgenossen. Bei geduldiger Anleitung wird er beim leisesten „Au“ sofort loslassen.

Erste Jagdversuche (Katzen, Kaninchen, Vögel) sollten möglichst schon im Ansatz unterbunden werden. Hatte er erst einmal ein Erfolgserlebnis – nicht der Beutefang, sondern das Jagen an sich ist für den Hund bereits der Erfolg – so wird er zum Wiederholungstäter und künftig kaum noch davon abzuhalten sein. Ist der Hund trotzdem auf und davon, darf er auf keinen Fall bei der Rückkehr bestraft werden. Er wird Tadel oder Strafe nicht mit der Jagd, sondern mit seiner Rückkehr verbinden. Die bessere Lösung ist, wegzugehen oder sich zu verstecken. Im Normalfall wird der Junghund aus Sorge, seinen Rudelführer zu verlieren, rasch zurückkommen und sich über die freudige (!) Begrüßung freuen.

Gegen das lästige Aufreiten hilft einzig liebevolle Konsequenz, Ablenkung und viel Kontakt zu Artgenossen. Auch gegen das Betteln helfen nur strenge Regeln: Futter gibt es nie am Tisch!

Prinzipiell sollte jede Übung mit einem Lob beendet werden, auch wenn es noch nicht ganz geklappt hat. Das Wichtigste ist, die Motivation des Hundes und den Spaß am Lernen zu erhalten. Dies gilt für Hunde aller Altersklassen. Nur ein Hund, der mit Freude lernt, wird das Erlernte auch dauerhaft behalten.

fe werden viele Hunde deutlich launenhafter, neigen zum Streunen, verweigern den Gehorsam oder reagieren sehr ängstlich auf unbekannte Situationen oder Menschen. Ihren Besitzern verlangt diese Phase viel Geduld, Zuwendung, Aufmerksamkeit und vor allem Konsequenz ab. Die häufigsten „Sünden" des Junghundes sind: An Hosenbeinen zerren oder beißen, Aufreiten, in Schuhe beißen, Katzen jagen, betteln ... Die Ursache hierfür liegt in der Persönlichkeitsentwicklung des Hundes. Er sucht seine Stellung im Rudel und muss nun deutlich – aber gewaltfrei – seine Grenzen gezeigt bekommen. Der junge Rowdy muss lernen, seine Rangstellung – an letzter Stelle im Familienrudel – problemlos zu akzeptieren.

Die wichtige Prägephase

Ab der dritten Lebenswoche entwickelt jeder Hundewelpe eine Urangst vor allem Unbekannten. Gleichzeitig besitzt er jedoch die Fähigkeit zu lernen. So lernt er noch in der Wurfkiste, was ein Artgenosse ist und hat daher vor anderen Hunden grundsätzlich keine Angst. Er wird über körperliche und geruchliche Faktoren „auf den Artgenossen geprägt". Dies spielt sich in den ersten sieben Wochen ab und festigt sich dauerhaft. Nur wenn die Welpen in dieser Zeit auch den Geruch des Menschen kennenlernen können, werden sie sich ebenso freundlich wie anderen Hunden auch den Menschen zuwenden. Sie sind dann „auf den Menschen geprägt". Haben sie jedoch in jener wichtigen Prägephase, die mit dem Erwachen der Sinne um den 15. Lebenstag beginnt, keinerlei Menschenkontakt, so fürchten sie sich vor der sich nähernden Hand. Sie verkriechen sich, knurren und beißen schließlich nach dem für sie unheimlichen Menschen.

Erlebt man dies bei einem „Züchter", so sollte man hier keinesfalls ein Tier erwerben! Derart scheue Welpen werden nur in den seltensten Fällen zu Hunden, zu denen man einen guten Kontakt aufbauen kann, da ihnen die Menschenprägung fehlt. Dies läßt sich nicht mehr ändern. Bei derartigen Hunden kann man bestenfalls eine gewisse Zahmheit erreichen, eine sichere Unterordnung ist unmöglich. Der Hund wird seine Angst vor dem Menschen niemals völlig verlieren und mit großer Wahrscheinlichkeit eines Tages als so genannter Angstbeißer im Tierheim enden.

Keinesfalls sollte man sich auf Argumente des Züchters wie: Dies sei ein normales „Fremdeln" einlassen. Gut geprägte Welpen sind stets offen für Neues und neugierig auf jeden Besucher.

Leinenführigkeit lernt der Welpe durch viel Geduld und Konsequenz.

Die Früherziehung des Welpen

Die richtige und ohne Überforderung durchgeführte Früherziehung eines Welpen beugt späteren Verhaltensstörungen recht zuverlässig vor. Welpen trainiert man am besten durch die so genannte „positive Konditionierung", also durch Situationen, in denen das Hundekind von sich aus das tut, was man wünscht. Es wird ohne Zwang und mit sehr viel Geduld geübt und reichlich gelobt und belohnt. Dieses frühe Training besteht überwiegend aus Spiel und sollte nur durch ein- bis zweiminütige Übungsphasen unterbrochen werden.

Sinnvoll ist es, vor der Fütterung zu üben, und zeitlich sollten diese Trainingseinheiten dann stattfinden, wenn der Welpe wach und aufmerksam ist. Zwei- bis dreimal täglich jeweils zwei bis vier Minuten reichen anfangs völlig als Trainingspensum aus.

Das erste, was der Welpe lernen muss, ist sein Name. Dieser sollte stets in Verbindung mit etwas Positivem genannt werden, während er gestreichelt wird oder während er sein Futter erhält. Innerhalb kurzer Zeit wird er freudig auf seinen Namen reagieren.

Stubenreinheit

Grundsätzlich „muss" ein Welpe meist nach jeder Mahlzeit, nach dem Aufwachen und oft während des Spielens. Das Hundekind sollte genaustens beobachtet und sofort nach draußen gebracht werden, wenn man bemerkt, dass er am Boden schnüffelnd herumläuft oder sich im Kreis drehend einen Platz für sein Bedürfnis sucht. Da es meist wirklich eilt, sollte man den Hund nach draußen tragen, sonst könnte er sich bei den letzten Schritten zum Ziel eventuell nicht mehr beherrschen. Sobald er draußen sein Geschäft erledigt hat, wird er ausgiebig gelobt und belohnt. Bei genauer Beobachtung und stets rechtzeitigem Handeln des Menschen ist ein Hundewelpe nach 14 Tagen stubenrein. Passiert dann hin und wieder doch noch mal ein Malheur in der Wohnung, darf der Kleine keinesfalls bestraft werden. Das „Problem" wird wortlos beseitigt und die betroffene Stelle ausgiebig gereinigt. Der Duft muss neutralisiert werden, um ein erneutes Verunreinigen zu verhindern. Meist ist an diesem Malheur der Mensch Schuld – vermutlich hat er die kleinen Anzeichen des Welpen übersehen. Was blieb dem Hund übrig, wenn ihn keiner versteht? Draußen sollte man jedes Häufchen mit dem stets gleichen Wortlaut „begleiten". Ob man nun „Eil Dich" oder „Mach Häufchen" oder ähnliches sagt, ist egal. Hiermit kann man erreichen, dass der Hund sein Geschäft – sofern er wirklich muss – quasi auf Kommando erledigt.

Wird der Welpe trotz aller Bemühungen nicht zuverlässig sauber oder „vergisst" die Stubenreinheit wieder, sollte der Tierarzt eine organische Störung ausschließen.
Ursachen können weiterhin sein: Protesthaltung gegenüber einer veränderten Lebenssituation, Verlassenheitsängste, Störungen während der Ruhezeiten, mangelnde Zuwendung, Stress, Un-ruhe im Haus und Familie, totale Unterwerfung (Harntröpfeln). Hier muss die Ursache ermittelt und beseitigt sowie ein geregelter Tagesablauf eingehalten werden. Gemeinsame Aktivitäten und das Erlebnis neuer Situationen steigern das Selbstbewusstsein.

› *Weitere Tipps im Kapitel Unsauberkeit, siehe Seite 131.*

Halsband und Leine

Erste Kommandos und neue Übungen werden stets an der Leine geübt. So prägt sich dem Welpen ein, dass es keine Möglichkeit zur Ablenkung und zum Davonlaufen gibt und er gehorchen muss. Bei sanftem Umgang akzeptieren die meisten Hunde Halsband und Leine recht problemlos.
Zunächst wird der Welpe stundenweise in der Wohnung an das Halsband gewöhnt. Sobald er es akzeptiert, nimmt man ihn an die Leine. Es ist durchaus möglich, dass er sich anfangs gegen die Einschränkung seiner Bewegungsfreiheit wehrt, ein Herumtollen mit der Leine bringt ihn

aber bald auf andere Gedanken. Keinesfalls darf der Welpe bei den ersten Versuchen an der Leine gezogen werden!

Sobald er Leine und Halsband gewohnt ist, lernt er das richtige Laufen neben seinem Besitzer. Von Anfang an sollte er lernen, links neben dem Menschen zu gehen. Die Übungen müssen konsequent, aber völlig gewaltfrei durchgeführt werden. Scharfe Rucke an der Leine oder Schimpfen sind absolut tabu! Um ihm das Ziehen an der Leine gar nicht erst anzugewöhnen, wird mit Lockmitteln wie Leckerlis sowie der sanften lockenden Stimme gearbeitet. Sobald er auf leichten Leinenzug reagiert, muss ausgiebig gelobt werden. Zieht er vorwärts, genügen leichte Rucke, um ihn wieder an die linke Seite zu bekommen. Auf diese Weise lernt er, dass es an dieser Stelle für ihn am angenehmsten ist. Wird der Hund jedoch langsam herangezogen, so wird er sich dagegen stemmen. Damit erzieht man sich einen Hund, der später ständig an der Leine zerrt, was besonders bei großen Hunden sehr unangenehm sein kann.

Auch für das Autofahren, Benimm bei Tisch und alles, worauf man später Wert im täglichen Umgang mit seinem Hund legt, sollte während dieser so aufnahmefähigen Junghundezeit der Grundstein gelegt werden.

Alleinbleiben

Sicher möchte jeder Hund gern überall dabei sein, aber das Alleinbleiben ist manchmal unumgänglich und sollte bereits im Welpenalter geübt werden, um spätere Trennungsängste (siehe Seite 23, 121) zu verhindern. Grundsätzlich ist es jedoch für einen Welpen artwidrig, wenn er alleingelassen wird. In der freien Natur käme dies bis zu einem Alter von vier bis fünf Monaten einem Todesurteil gleich. Deshalb sollte man auch erst mit vier Monaten beginnen, den Welpen für ein bis zwei Minuten (!) allein zu lassen. Ein zu frühes Alleinlassen kann beim Welpen schwere Verlassensängste auslösen. Manchmal treten solche Störungen erst viel später auf, die Ursachen liegen jedoch häufig in solch einem frühen Trennungserlebnis. Bei der Anschaffung eines Welpen sollte demnach in der Planung berücksichtigt werden, dass bis zum Ende des vierten Lebensmonats immer jemand bei ihm sein kann!

Welpenspielgruppen

Welpen sollten unbedingt die Gelegenheit bekommen, sich mit anderen Hunden weiterzuentwickeln und auf diese Weise spielerisch Sozialverhalten zu erlernen.

Leider werden noch immer viele Hunde zu früh durch die Züchter von Mutter und Geschwistern getrennt. Kommen diese das erste Mal in eine Welpenspielgruppe, so sitzen sie anfangs stocksteif in der fröhlichen Runde. Erst wenn sie merken, dass ihnen niemand etwas antun will, entspannen sie sich. Oft waren sie schon viel zu lange seit der Trennung des

Im Spiel lernen Welpen den Umgang mit Artgenossen und korrektes hündisches Verhalten.

Züchters allein – so etwas kann böse ins Auge gehen! Die Entwicklung unter Artgenossen wird mit der Abgabe an den neuen Besitzer häufig abrupt abgebrochen. Wenn der Hund dann so plötzlich seinen tierischen Umgang verliert, wird er das richtige Verhalten in einer Hundegruppe nicht lernen und kann sich so zu einem ängstlichen oder aggressiven Neurotiker entwickeln.

Die Welpenspielgruppen sind für die neuen Besitzer häufig die einzige Möglichkeit, ihrem Hund Kontakte zu gleichaltrigen Artgenossen zu ermöglichen.

Welpen spielen nicht aus Jux und Tollerei. Sie erproben damit ihre Kraft, lernen Mimik und Körpersprache – die in verschiedenen Situationen durchaus andere Bedeutungen haben können. Das Verständnis hierfür ist *nicht* angeboren. Solche Feinheiten in der Ausdrucksweise müssen erlernt werden, vor allem unter verschiedenen Rassen. Denn manche Rassen können aus körperlichen Gründen Signale nicht so zeigen. Daher ist es auch immens wichtig, dass in derartigen Spielgruppen die unterschiedlichsten Rassen vertreten sind.

Hunde, die durch viel Kontakt zu Artgenossen wissen, wie sie sich zu verhalten haben, können Situationen besser einschätzen. Sie erkennen, wenn der andere stärker ist und sind auch in der Lage, die Unterwerfung eines Schwächeren zu akzeptieren. Eine einseitige Prägung nur auf den Menschen wird durch diese Spielstunden ebenfalls vermieden – schließlich soll der Hund später auf Spaziergängen auch mit fremden Hunden auskommen ...

Die entscheidende Phase für solche Welpenspielgruppen ist von der 6. bis zur 35. Lebenswoche. Haben Welpen während dieser Zeitspanne keine Möglichkeit, Sozialverhalten zu lernen, kann das zu kommunikativen Störungen, zu Angst vor Artgenossen und zu Aggressionen führen. Eine soziale Isolierung zerstört die Psyche eines Welpen rascher als jede noch so harte Erziehungsmethode.

Der Hund bekommt beim Welpentreff die Chance, sich zum perfekten Partner für Mensch und Mithund zu entwickeln.

In einer idealen Welpengruppe sind Hunde möglichst vieler Rassen und aller Größen vertreten. Wenn dann auch noch Menschenkinder und vielleicht sogar andere Haustiere in das Training einbezogen werden, ist die ideale Gruppe gefunden! Jede Art von Zwang sollte bei diesen Treffen abgelehnt werden. Die Hunde sollten auch vielfältigen optischen und akustischen Reizen wie Regenschirmen und Motorenlärm ausgesetzt werden. So lernen sie, dass dies nichts gefährliches ist und verhalten sich auch künftig ruhig. Doch nur erfahrene Übungsleiter sollten solche Gruppen betreuen, damit nicht im falschen Moment korrigiert wird. Auch der Hundehalter wird hier mit „betreut", damit er die Angst um sein Hündchen verliert und lernt, ihm etwas zuzutrauen.

Treppensteigen

Besonders bei großen oder schweren Rassen wird es häufig empfohlen, Welpen Treppen hoch- und wieder runterzutragen. Die Knochen, Sehnen und Muskeln sollten nicht überstrapaziert werden, insbesondere wenn es sich um viele Treppenstufen und sehr steile Treppen handelt. Dagegen ist nichts einzuwenden, sofern man den richtigen Moment nicht verpasst, an dem der Hund selbst aktiv klettern sollte. Es gibt jedoch auch Hunde, die die Bequemlichkeit des Getragenwerdens sehr zu schätzen wissen und auch in dem Alter, wo sie dann eigentlich selbst Stufen steigen und ins Auto springen dürfen, dies kategorisch verweigern. Auch manche Hunde, die negative Erfahrungen gemacht haben, z.B. auf der Treppe gestürzt sind, sind häufig partout nicht mehr zum Stufensteigen zu bewegen. Dieses Problem tritt weitaus häufiger beim „Bergab" auf. Bei älteren Hunden, die sich derart verweigern, sollte man durch einen Tierarzt abklären lassen, ob eventuell ein körperliches Problem vorliegt. Einen Hund mit sichtlichen Schmerzen sollte man niemals zwingen, zu springen!

Wie gewöhnt man nun eine solche „anerzogene Faulheit“ wieder ab? Normalerweise beginnt ein Welpe von allein im Alter von etwa vier bis sechs Monaten auch Treppen, Sofa und andere Hürden von selbst zu erklimmen. Manche jedoch, und dies sind insbesondere die besonders gelehrigen, können nicht verstehen, dass nun ihre eigene Initiative gefordert ist. Sie haben es nicht anders gelernt! Der Besitzer hat ihnen schließlich beigebracht, dass sie warten sollen, bis er sie trägt! Meist hat der Hundehalter selbst den richtigen Moment verpasst, wo der junge Hund die ersten selbstständigen Kletterversuche machen wollte oder sie ihm sogar noch verboten. Manchen fällt der Erziehungsfehler erst auf, sobald das Tier zu schwer ist, um es ständig hochzuheben.

Fehlt es nun dem Hund wirklich an jeglicher Erfahrung im Steigen, Hüpfen und Springen, so muss das Training von Grund an aufgebaut werden. Diese ungewohnten Bewegungen erlernen sich am einfachsten im Wald, wo es buchstäblich über Stock und Stein geht. Doch auch in der Wohnung müssen die zaghaften Sprungübungen mit Hörzeichen wie „Hopp“, „Drüber“, „Hoch“ oder ähnlichen begleitet werden. Im Laufe der Zeit soll das Kommando so verallgemeinert sein, dass der Hund auf diese Kommandos hin hochspringt. Wenn der Hund sich weiterhin hartnäckig weigert, zuhause Treppen zu steigen, versucht man es mit Lockmitteln wie Leckerlis oder Wurststückchen, welche auf die einzelnen Stufen gelegt werden. Diese unterstützenden Kommandos sowie ein leichtes, sanftes Anschieben genügen meist als Motivation, es doch einmal zu versuchen. Besondere Aufmerksamkeit ist beim Abstieg einer steilen Treppe nötig. Ein ungeübter Hund könnte hierbei böse stürzen und sich verletzen. Beim Training des „Abstiegs“ stellt sich der Hundehalter unterhalb des Hundes, um ihn notfalls zu stützen. Das eigentliche Training sollte täglich, jedoch nicht länger als einige Minuten und mit großer Ruhe und Geduld durchgeführt werden.

Gleiches gilt für das Hineinspringen ins Auto: Dies sollte man spielerisch angehen, indem um das parkende Auto gespielt wird und ab und zu ein Ball oder ein Leckerli im Innenraum landet, das der Hund nach einiger Zeit holen wird. Nach jedem Erziehungsfortschritt ist ein großes Lob und selbstverständlich eine Belohnung fällig.

Bei ganz hartnäckigen oder überängstlichen Kandidaten könnte professionelle tierpsychologische Hilfe nötig werden. Auch eine unterstützende Bach-Blütentherapie mit einer angstlösenden Blütenmischung ist sehr zu empfehlen. Diese Mischung sollte nach dem Charakter des Hundes und der jeweiligen Situation ausgewählt werden. Unbedingt enthalten sein sollten jedoch Star of Betlehem, Mimulus und Larch.

Fehler bei der Welpenerziehung

Leider erhalten viele Junghunde gar keine Erziehung, was zu späteren negativen Auswirkungen führen kann. Dies hat meist nichts mit einer Vernachlässigung seitens des Besitzers, sondern vielmehr mit dessen Unwissenheit zu tun. Welpen erwecken den Anschein, als gäbe es für sie nichts anderes als Spielen, Schlafen und Fressen. Ab der sechsten Lebenswoche jedoch trügt dieser Schein: Die Entwicklung verläuft stürmisch und jetzt braucht der Welpe dringend Anregungen und Entwicklungshilfe durch den Menschen, soll er zu einem angenehmen und gut erzogenen Familienmitglied werden.
Zu den Jugendsünden zählen häufig das Zwicken in Schuhe und Strümpfe, am Hosenbein zerren, Aufreiten, das Jagen von Katzen – das Register könnte endlos fortgesetzt werden. Der Hund sucht nach Anerkennung, will dazugehören und sucht seine Position innerhalb der familiären Rangordnung. Der Welpe muss nun konsequent aber behutsam angeleitet werden, um das gewünschte Verhalten zu lernen. Tatendrang und Neugier darf jedoch nicht bestraft werden. Der Umgang mit dem jungen Hund muss nun innerhalb der Familie genau geklärt sein. Tabus gelten für alle! Die Tiere merken sehr schnell, wer unter Umständen besonders nachgiebig ist.

Bisse in Hosen oder Hände sind verboten! Eine Abwehr wird jedoch leicht als Aufforderung zu noch wilderern Beißen missverstanden. Körperliche Strafen können eine erste Abwehraggression oder Zerstörungswut in Form einer Übersprungshandlung auslösen. Stattdessen muss die Aktion auf Spielzeug abgelenkt werden. Ideal sind Kauspielzeuge, die auch die Zahnungsschmerzen lindern.

Ablecken ist eine Demuts- und Freundschaftsbezeugung, die viele Menschen nicht mögen. Dies sollte sanft auf ein erträgliches Maß reduziert werden, ohne den Hund grob wegzustoßen. Ideal ist auch hier ein Ablenkungsmanöver.

Das **Jagen** von Katzen, Hühnern oder anderen Tieren macht jedem jungen Hund einen Riesenspaß – auch wenn keine böse Absicht dahintersteckt. Freut sich der Mensch auch noch über diese Jagdspielchen, so fühlt sich der Hund in seinem Tun bestätigt. Irgendwann wird früher oder später aus dem Spiel ein Ernstfall.

Gut erzogene Hunde sind ideale Begleiter im Alltag und betteln nicht.

Um dies im Ansatz zu verhindern, muss möglichst jeder Startversuch zur Jagd energisch gestoppt werden. Ein kurzer kräftiger Leinenruck in Verbindung mit einem scharfen „Nein!" ist wesentlich effektiver, als ein Zurückziehen an der Leine. Dies würde der Hund negativ miteinander verbinden: Rückkehr = Tadel. Läuft der Hund frei und ist schon verschwunden: Nicht schreien! Nicht hinterherlaufen! Man bewegt sich in entgegengesetzter Richtung oder versteckt sich. Den zurückkehrenden Hund begrüßt man freudig!

Aufreiten nennt man den Klammergriff der Junghunde, dessen Ziel eine Machtdemonstration ist. Konsequentes Abweisen, Ablenkung und regelmäßiger Kontakt mit Artgenossen bringen Abhilfe.

Betteln verhindert man, indem der Hund *niemals* etwas vom Tisch bekommt. Mahlzeiten für den Hund gibt es ausschließlich und ohne Ausnahme im Napf. Er wird sich über den Fleischrest in seinem Hundenapf genauso freuen wie über eine Gabe vom Tisch – Bettel-Probleme jedoch werden zuverlässig vermieden.

Aus Ängsten entwickeln sich Verhaltensstörungen

Durch ein gesundes Misstrauen in einer fremden Umgebung oder vor fremden Menschen werden einem Welpen unangenehme Erfahrungen erspart. Wird er jedoch von seinem Besitzer zu sehr behütet, behindert dieses Übermaß an Vorsicht massiv seine Entwicklung. Das Ergebnis sind wehleidige, kontaktscheue Tiere oder Angstbeißer.

Die Ursachen liegen in traumatischen Erlebnissen, z.B. eine Beißerei, ein erschreckender Tierarztbesuch, ein Ausrutschen auf der Treppe, Lärm oder Knallgeräusche. Auch die übermäßige Fürsorge des Halters fördert derartige Verhaltensstörungen. Ängste übertragen sich auch von dem Halter auf seinen Hund! Der Hund spürt die innere Veränderung seines Herrchens aufgrund eines Angstgefühles und bekommt selbst Furcht vor diesem unerklärlichen und nicht greifbarem „Phantom“.

Beißerei Leider kann man sich als Hundehalter keinesfalls mehr auf den angeblichen Welpenschutz verlassen. Das Sozialverhalten vieler Hunde ist heutzutage derart massiv gestört, dass häufig auch ganz junge Welpen angegriffen werden. Diese Vorfälle gehen von Rüden ebenso häufig aus wie von Hündinnen, und man sollte daher bei unbekannten – vor allem großen – Hunden durchaus eine gewisse Vorsicht zeigen. Wird ein Welpe gebissen, so braucht er schnellstmöglich wieder Kontakt zu Artgenossen, möglichst auch mit Hunden der Rasse des Beißers. Nur so kann er schnell lernen, dass doch nicht alle Hunde böse auf ihn reagieren.

Tierarztbesuch Der erste Besuch sollte ohne einen konkreten Anlass – möglichst nach der Sprechstunde – stattfinden. So hat der Welpe die Gelegenheit, den Arzt, die Umgebung und die ungewohnten Gerüche völlig stressfrei kennenzulernen. Bei diesem ersten Besuch sollte er keinesfalls bereits negative Erfahrungen (z.B. Spritze) machen.

Knallgeräusche/Lärm An Silvester darf man einen Welpen keinesfalls allein lassen. Er sollte abgelenkt werden, ohne Mitleid zu bekunden. Bereits im Vorfeld kann man den Hund durch verschiedene Lärm- und Knallgeräusche auf derartiges vorbereiten. Wird jeder Lärm mit einer Belohnung verknüpft, lässt die Panikreaktion bald nach.

Angst vor Treppen Der Hund darf niemals mit Gewalt auf eine angstmachende Treppe gezogen werden! Der Mensch sollte langsam vorausgehen und den Hund locken, eventuell Leckerlis auf den Stufen auslegen.

Verhätscheln Nur in unmittelbarer Nähe ihres Besitzers fühlen sich übermäßig verhätschelte Hunde stark

(Kläffer, Angstbeißer). Schon Welpen muss der freie Umgang mit Artgenossen unbedingt gestattet werden. Auch wenn manche Begegnung unter Hunden etwas wild aussieht – zu 99 Prozent sind sie harmlos. Bisher extrem behütete Hunde können ihre „Freiheit" meist gar nicht gleich genießen, sondern verstecken sich hinter ihrem Besitzer. Der Grund hierfür ist die Übertragungsangst – sie fühlen die Angst des Besitzers um sie. Erst wenn der Mensch diese Angst selbst abgelegt hat, wird auch sein Hund Selbstbewusstsein erlangen können.

Veränderungen beim Erwachsenwerden

Ein bisher sehr braver Hund wird plötzlich unfolgsam, aufsässig oder sogar aggressiv: Meist sind es bestimmte Altersstufen, in denen diese Veränderungen auftreten, sofern nicht ein traumatisches Erlebnis als Ursache hierfür verantwortlich ist. Dies könnte ein Autounfall, eine plötzliche Knalleinwirkung (Schuss) oder ein anderes Schockerlebnis sein. Der Hund kann für längere Zeit oder sogar für immer erhebliche seelische Störungen davontragen. Durch entsprechende Verhaltensmaßnahmen des Halters unter Einbeziehung von Bach-Blüten lassen sich viele dieser Störungen erfolgreich beheben.

Die üblichen, an das entsprechende Alter des Hundes gekoppelte Verhaltensänderungen erweisen sich im Zusammenleben oft als recht störend. So kann aus einem selbstsicheren Welpen binnen kurzer Zeit ein Nervenbündel mit schwersten seelischen Schäden werden – wenn dieser Hund in die falschen Hände gerät.
Aber auch der, der selbst keine sichtlichen Fehler in der Erziehung seines Hundes gemacht hat, wird erleben, dass sein Junghund zu Beginn des fünften Lebensmonats Schwierigkeiten bereitet. Er scheint sich etwas zurückzuziehen, was als normal zu bezeichnen ist und toleriert werden sollte. Der Hund erkundet sein Zuhause nun auch allein und ordnet sich in sein „Rudel" ein.
Deutlichere Veränderungen treten dann im neunten Lebensmonat auf: Die meisten Hunde werden nun flegelhaft und benehmen sich wie Halbstarke. Man gewinnt den Eindruck, die bisherige Erziehung sei sinnlos gewesen ... War die Erziehung jedoch einfühlsam und korrekt, so hat sie trotzdem gewirkt, doch in dieser Zeit darf man keinesfalls locker lassen.
Kleine unwichtige Dinge kann man einfach übersehen, doch alles, was jedoch den Tagesablauf stören würde, wird bestimmt, konsequent und unnachgiebig korrigiert. Bei den Vorfahren des Hundes, den Wölfen, verlässt das Jungtier mit zehn Monaten

die Familie und geht „auf Wanderschaft“, um dazuzulernen. Nun trennen sich auch die weiblichen Geschwister. Jede junge Wölfin zieht allein los, die Rüden gemeinsam. Manch einer bleibt sogar bei den Alttieren. Bereits ab dem Alter von neun Monaten testen die Jungen langsam ihre Unabhängigkeit.

Unter diesen Gesichtspunkten kann man seinen jungen Hund besser verstehen. Er muss lernen, dass er eben ein „Nesthäkchen“ bleiben muss, ob er will oder nicht! Der kleine Rebell wird dies bald einsehen, sich in das Familienrudel einfügen und die Annehmlichkeiten zu schätzen wissen.

Wie gut die bisherige Erziehung wirklich war, zeigt sich viel später, so um den 18. Lebensmonat herum. In dieser Zeit entscheidet sich das weitere Zusammenleben zwischen Hund und Menschen. Wurden keine entscheidenden Fehler gemacht, so wird diese seelische Reifung des Hundes kaum auffallen, da alles weiterhin harmonisch abläuft. Lediglich das erwachsene und selbstsichere Auftreten des Hundes und die sicher wirkende Zusammengehörigkeit zeigen sich deutlicher.

Leider ist es häufig anders und aufgrund früheren Fehlverhaltens lehnt sich der Hund nun plötzlich auf. Bisher fügte er sich, strebt nun aber die Rolle des Rudelführers an. Da er im Familienrudel niemanden fand, der dieser Position würdig zu sein scheint, beginnen massive Dominanzkämpfe. Für den Hund ist eine Gruppe ohne disziplinierte Führung unvorstellbar, so dass er nun beginnt, seine Menschen zu „erziehen“. Im Haus selektiert er die Besucher so lange, bis ihm nicht willkommene Fremde kaum noch einen Besuch wagen. Beim Spaziergang bestimmt er den Weg. Werden seine Entscheidungen nicht akzeptiert, so zeigt er Aggressionen gegen seine „Rudelmitglieder“ – beginnend mit warnendem Knurren bis hin zu ersten Bissen.

Dies hat jedoch mit Bösartigkeit nichts zu tun. Um sich in den Hund hineinzuversetzen: Er fühlt sich verantwortlich und ist der Meinung, dass seine Führung notwendig geworden ist. Ist es erst einmal so weit gekommen, wird man einen solchen Leithund an jemanden abgeben müssen, der die Fähigkeiten eines Rudelführers besitzt, nämlich eine starke Persönlichkeit mit Selbstdisziplin und Konsequenz und vor allem Hundeverstand und -erfahrung. Dort ist ein solcher Hund gern bereit, wieder ein folgsamer Hund zu werden. Er wird sich nur dort wohl fühlen, wo er das Gefühl hat, sicher und gut aufgehoben zu sein.

Wenn der Hund an die Spitze seiner menschlichen Familie strebt, bedeutet dies lediglich, dass er in ihr nicht die nötige Sicherheit gefunden hat und nun selbst erwachsen genug ist, um die Führungsrolle zu übernehmen. Kaum ein Hund wird jedoch mit dieser Situation glücklich sein – fühlt er sich gut geführt an unterer Rangposition doch viel wohler!

Bei dem eineinhalbjährigen Hund ist diese Sinnesveränderung noch relativ harmlos, er ist noch keinesfalls neurotisch oder gefährlich, sondern tut nur das in seiner Natur liegende. Der Mensch hat dem Hund auch noch nichts Böses angetan, sondern war einfach nur viel zu weich im Umgang.

Problematischer ist es jedoch, wenn dem Verhalten des Tieres tatsächliche grobe Handlungen gegenüber dem Hund vorausgingen. Ein bislang ständig unterdrückter, gewaltsam erzogener Junghund ist nun durchaus in der Lage, bei einem vielleicht völlig nichtigen Anlass förmlich zu explodieren. Er könnte plötzlich die aufgestauten Aggressionen in übersteigerter Form herauslassen. Handelt es sich um einen größeren Hund und sind keine hundeerfahrenen Helfer dabei, so kann ein solcher Ausbruch zu schweren Verletzungen führen. Auch Hunde, die in ihrer Jugendzeit durch diverse unerfahrende Hände gingen, mit ca. einem Jahr zu ihrem endgültigen Besitzer kamen, der ihnen nie etwas Böses antat, können so reagieren. Manchmal genügt hierfür bereits eine bestimmte Handbewegung, mit welcher der Hund etwas unangenehmes verbindet, um das Tier schier rasend werden zu lassen. Vor so genannten „ausgebildeten Schutzhunden" sollte sich ein unerfahrener Hundehalter auf jeden Fall hüten. Oftmals verbirgt sich hinter dieser Bezeichnung ein seelischer Krüppel. Glücklicherweise sind derart heftige Ausbrüche relativ selten. Weit häufiger handelt es sich um fehlerzogene kleine Hunde, denen jeder Mensch kräftemäßig weit überlegen ist und die daher keine große Gefahr darstellen (es sei denn, ein solcher Hund „rastet aus", während er mit einem Kleinkind alleingelassen wurde). In der Regel hört man, der Hund habe eine „Macke" oder Unart, die sich ganz plötzlich eingestellt habe. Der eine folgt nicht mehr so gut, der andere will plötzlich unbedingt ständig auf dem Sofa schlafen, der dritte öffnet sich alle Türen und streunt. Einer knurrt, wenn man sich seinem Futter nähert, ein anderer lässt sich nicht mehr bürsten ...

Wenn der erwachsene Hund sich nicht so entwickelt, wie der Mensch sich das gewünscht hat, so liegt die Schuld nicht beim Hund. Meist sind es die Junghunderlebnisse, die er mit anderen Menschen oder mit uns selbst hatte, die seinen jetzigen Charakter geformt haben. Bei manchen Hunden kann man eine weitere charakterliche Veränderung im dritten Lebensjahr feststellen, welche allerdings nicht mehr derart gravierend ausfällt.

Erfreulicherweise können viele dieser Verhaltensproblematiken durch die sanften Erziehungsmaßnahmen in Verbindung mit Bach-Blüten oder auch homöopathischen Heilmitteln aufgelöst oder zumindest verringert werden.

Der ältere Hund

Meist verlaufen die Jahre nach der aufregenden Welpen- und Junghundezeit relativ ruhig. Der Hund hat sich zu einem Familienmitglied entwickelt, gehört einfach dazu. Und plötzlich fällt es auf: Er kommt in die Jahre, kann oft nicht mehr so mithalten. Nun kommt eine Zeit, in der das ältere Tier wieder vermehrt auf unsere Unterstützung und Rücksichtnahme angewiesen sein wird. Ein langsames Umdenken wird nötig werden, die Planung des Tagesablaufs, eines Urlaubs oder Ausflugs muss auf den Hund abgestimmt werden.

Biologisch geht es mit einem Hund zwar ab dem siebten Lebensjahr bergab, aber ein Grufti ist er deshalb noch lange nicht. Besitzer von älteren Hunden kennen das: Es gibt Tage, da hängt der Vierbeiner sie beim Wettlauf ab und tobt wie ein übermütiger Welpe über die Wiese. Und an anderen Tagen hat man Angst um ihn. Da fällt ihm scheinbar jeder Schritt schwer, er mag vielleicht gar nicht spazierengehen oder spielen. Kreislauf-Aussetzer (Ticks) können eintreten. Aber selten zeigt sich das Alter plötzlich. Meist überwiegen noch die guten Tage, auch wenn die Alters-Wehwehchen langsam zunehmen.

Bei großen Rassen beginnt das Altern sogar schon ab dem fünften Lebensjahr, die Vitalität lässt langsam nach. Meist geschieht das so schleichend, dass uns Menschen außer den ersten weißen Haaren am Kopf des Hundes nichts auffällt. Selten gibt es aber auch Hunde, die schlagartig alt werden.

Wann genau der Zeitpunkt gekommen ist, kann man nicht voraussagen. Das ist bei jedem Hund anders, bedingt durch Rasse, Größe, Gewicht, Aufzucht- und Haltungsbedingungen und körperliche Konstitution. Es gibt nur Erfahrungswerte, wann im Durchschnitt mit welchen Alterserscheinungen zu rechnen ist. So werden Hunde in der Regel ab dem siebten Jahr ruhiger. Zu der verminderten körperlichen Aktivität kommt ein verlangsamter Stoffwechsel. Beides zusammen kann dazu führen, dass der Hund zunimmt, wenn seine Ernährung nicht umgestellt wird. Ob er einfach weniger Futter oder eine spezielle Diät benötigt, sollte der Tierarzt entscheiden. Ab dem achten

Lebensjahr verringern sich Sehkraft und Hörvermögen. Doch dies irritiert Herrchen oft mehr als den Hund, der diese Mängel mit seiner Nase wettmacht.
Mit neun Jahren können auch bei gepflegten Zähnen erste Stücke abbröckeln und ab zehn Jahren ist dann mit all den Zipperlein zu rechnen, die auch uns Menschen im Alter zu schaffen machen: Schnelles Frieren, erhöhte Infektionsanfälligkeit, empfindliche Haut, Atembeschwerden, Blasenschwäche, Osteoporose, Herz- und Kreislaufschwäche.
Nicht zu vergessen und für viele Hundehalter recht anstrengend und nervenaufreibend ist der auch für den Menschen typische Altersstarrsinn. Hier sollte man ab und zu nachgeben und gewisse Nachlässigkeiten im Gehorsam nicht zu ernst nehmen.
Die häufigsten Todesursachen bei Hunden sind außer Unfällen Tumore, Herzkrankheiten und Nierenversagen. Ein älterer Hund sollte deshalb mindestens einmal pro Jahr gründlich von einem Tierarzt untersucht werden.

Altersproblemen vorbeugen

Was ein Hund frühzeitig gelernt hat, vergisst er sein ganzes Leben nicht mehr. Hat man dem Hund frühzeitig nicht nur Hörzeichen, sondern damit verbundene Sichtzeichen (entsprechende Handbewegungen für bestimmte Kommandos) gelehrt, so lässt er sich auch bei nachlassender Hörfähigkeit kontrollieren und ist somit dann nicht an die Leine „gefesselt".
Die körperliche Fitness ist nur die eine Seite eines alten Hundes. Dass auch das Gedächtnis und die Konzentration trainiert werden müssen, wird häufig vergessen. Doch nur die geistig regen Hunde behalten trotz mancher Altersbeschwerden ihre Lebensfreude. Deshalb sollte auch der ältere Hund noch „Sitz" machen, wenn er ein Leckerli möchte oder auf das Kommando warten, bevor er das Stöckchen holen darf.
Die üblichen Spielzeiten sollten unbedingt beibehalten, jedoch der Kondition des Hundes angepasst werden. Sobald der Hund Müdigkeitserscheinungen zeigt, wird eine Pause eingelegt. Hierauf ist insbesondere zu achten, wenn das Laufen am Fahrrad zu den Hobbys von Mensch und Hund gehört: Der Hund wird immer versuchen, seinem „Rudel" zu folgen, so lange er irgendwie mithalten kann. Übersehen seine Besitzer erste Schwächeanzeichen, so kann dies zu plötzlichem Herz-Kreislaufversagen führen!
Wenn sein Mensch dafür sorgt, dass der Hund nicht überfordert wird, aber auch nicht einrostet, dann kann ein Hund auch mit 15 Jahren immer noch fit sein!

Viele Altersprobleme sind durch Medikamente aufzuhalten oder zu verlangsamen. Manchmal genügt schon die richtige Diät, damit der Hund sich wieder wohler fühlt.

Das Familienrudel

Wieviel Benimm braucht der Hund?

Im Zusammenleben von Mensch und Hund müssen von beiden Seiten Regeln beachtet werden. Eine so genannte „Grundausbildung" des Hundes ist Voraussetzung für ein möglichst stressfreies Miteinander.

Korrektes „Bei Fuß"-Training – während des Spaziergangs sind kurze Übungen sinnvoll.

Schließlich möchte man sein Familienmitglied Hund ja auch möglichst überall hin mitnehmen können. Der schönste Spaziergang wird jedoch zum Spießrutenlauf, wenn der Hund jeden vorbeikommenden Passanten fröhlich anspringt, jeden Radfahrer einfangen möchte und die Jogger an den Hosenbeinen ausbremst. Auch ein Restaurantbesuch macht wenig Spaß, wenn der Hund unter dem Tisch – sofern er überhaupt dort liegen bleibt – laut winselnd allen Gästen den Appetit verdirbt. Und erst der Besuch bei Freunden oder Bekannten – möglichst bitte ohne Hund, da er sonst vielleicht wieder die Pflanzen umgräbt, die Zeitungen oder das Kinderspielzeug zerfetzt oder gar die Wohnung verunreinigt. Kann man den Hund kaum noch mitnehmen, stellt sich sogleich ein neues Problem: Zu lange allein lassen sollte man ihn auch nicht. Ein derart unerzogener Hund benimmt sich meist auch Zuhause nicht gerade vorbildlich. Und wer mag schon nach jedem Nachhausekommen die gesamte Wohnung säubern und aufräumen, weil Bello wieder mal im Müll gewühlt, die Kissen zerfetzt oder die Katze derart tyrannisiert hat, dass

diese sich nicht mehr vom Schrank herunter wagt?
Ein gewisses Maß an Hundeerziehung ist auch deshalb wichtig, weil der gut erzogene Hund glücklicher und ausgeglichener ist. Sein Besitzer kann ihm ein größtmögliches Maß an Freiheiten gewähren, er wird überall gern gesehen und darf daher auch an fast allem teilhaben, was sein „Rudel" unternimmt.
In dem Gefüge eines Familienrudels sollte der Hund stets an unterster Stelle stehen, was ihn durchaus nicht stört, sofern er sich der Führungsqualitäten seiner Menschen sicher sein kann. Und diese können nur durch Konsequenz, Dominanz und Durchsetzungsvermögen seitens der Menschen vermittelt werden.
Die Erziehung des Hundes muss am ersten Tag des Zusammenlebens beginnen. Ein großer Fehler wäre es, dem Hund zunächst alle Freiheiten zu gönnen, um zu einem späteren Zeitpunkt mit der Erziehung zu starten. Wenn er zunächst alles darf, kann er später nicht verstehen, warum er nun plötzlich gehorchen soll. Der Entwicklungsstand eines acht Wochen alten Welpen entspricht in etwa dem eines dreijährigen Kindes. Man muss ihn vom ersten Tag an erziehen, konsequent, aber nicht streng. Das Gleiche gilt für den verunsicherten Hund aus zweiter Hand oder dem Tierheim. Bei diesen Hunden sollte jedoch zunächst ein Berg an seelischem „Restmüll" entsorgt werden, bevor die eigentliche Erziehung beginnen kann. Vor allem, wenn man das Vorleben eines Hundes nicht kennt, muss man ihm Zeit lassen, Vertrauen zu fassen, die Reaktionen des Hundes in allen Situationen genau beobachten und mögliche Ängste erkennen. Für den Anfang sollte man sich hier nur auf die wichtigsten Erziehungsgrundlagen wie Stubenreinheit und unausweichliche Verbote konzentrieren.
Einige Kommandos sollte jeder durchschnittliche Hund beherrschen: „Pfui" (für Dinge, die er niemals tun darf), „Komm" (funktioniert mit Leckerlis fast immer), „Nein" oder „Stop" (um von einer Handlung sofort abzulassen), „Sitz" (um den Hund kurzzeitig ruhig zu halten und seine Aufmerksamkeit zu wecken), „Platz" (um den Hund für längere Zeit an einem bestimmten Ort abzulegen), „Bleib" (um sich vom Hund entfernen zu können), „Aus" (Gib, was du im Fang hast) und schließlich „Fuß".
Zunächst sollte der Hund die Bedeutung eines Kommandos verstehen lernen, indem man den Befehl gibt, wenn er dessen Ausführung ohnehin gerade plant. Z.B. wenn der Hund sich anschickt, sich zu setzen: Sitz, wenn er auf einen zugelaufen kommt: Komm usw. Eine Übung darf

niemals abgebrochen werden, wenn sie nicht erfolgreich ausgeführt wurde. Hilfen mit Leckerlis und sanfter Nachdruck sind jedoch selbstverständlich erlaubt.
Anfangs sollte man im Haus üben. Liegt die Erfolgsquote bei ca. 90 Prozent, wird die Schwierigkeit gesteigert, indem man das gleiche Kommando im Freien übt, zunächst auf betonierten Flächen ohne ablenkende Gerüche und erst später in Gegenden, die der Hund als sehr spannend empfindet. Dort allerdings sollte der Hund vor den Übungen Gelegenheit haben, sich richtig auszutoben.
Zu jeder Trainingseinheit sollte man sich genügend Leckerlis einstecken – am besten in einer raschelnden Tüte. Die Leine sollte nicht zu kurz sein – eine Laufleine eignet sich für diese ersten Übungen nicht.
Aber auch die Qualität der Erziehung und des Erziehenden hat eine große Bedeutung. Hundeerziehung ist keine Spielerei, sondern eine ernste Sache, bei der man auch unbewusst sehr viel falsch machen kann. Jedes Kommando muss gut durchdacht sein und mit einem stets gleichbleibenden Befehl gegeben werden. Ein einmal gegebenes Kommando muss unter allen Umständen durchgesetzt werden, was bedeutet: Kommandos nur dann geben, wenn eine reelle Chance besteht, dass diese befolgt werden oder man die Ausführung erzwingen kann. Hierzu muss der Hund in erreichbarer Nähe sein. Ruft man „Komm" und er gehorcht nicht, hat er bereits gelernt, dass man dieses Kommando nicht unbedingt befolgen muss. Dies nennt man Autoritätsverlust. Man darf das „Komm" also zunächst nur anwenden, wenn man in der Lage ist, den Hund bei Nichtbefolgung zu korrigeren und das Kommando entsprechend durchzusetzen.
Wenn sich der Hund hartnäckig weigert, die Kommandos zu befolgen, beginnt man wohl oder übel mit der Erziehung noch mal ganz von vorn mit „Sitz" und übt angeleint mehrmals täglich einige Minuten. Sobald eine Übung sich wieder gefestigt hat, geht man zur nächsten über – im Schwierigkeitsgrad ansteigend. Die Freilaufübungen wie „Komm", „Sitz" aus der Entfernung etc. folgen erst, sobald der Hund alle Kommandos an der Leine problemlos befolgt. Dies bedeutet unter Umständen für den Hund eine mehrtägige „Leinenhaft", was sich aber nicht vermeiden lässt. Jeder erneute Fehlversuch bringt die Rangordnung und somit den anhaltenden Erziehungserfolg erneut ins Wanken.
Folgende positive Erziehungsmethoden sind ratsam: Lob, Spielen, Streicheln und Leckerlis.
An negativen Einwirkungen sind vertretbar: Schimpfen, Drohen, kurz über

die Schnauze greifen – wobei die Einwirkung unmittelbar nach der Tat erfolgen muss, damit der Hund den Zusammenhang verstehen kann. Absolut unvertretbar sind Schläge oder lautes Anschreien des Tieres. Hierdurch drückt der Hundehalter lediglich seine Unsicherheit und Unerfahrenheit aus, ein Lernerfolg wird sich nicht einstellen. Eher im Gegenteil: Der Hund wird unsicher, bekommt Angst. Angst blockiert das Lernvermögen drastisch. Und wer von uns möchte schon, dass sein Hund eingeschüchtert mit eingeklemmter Rute aus Angst vor Schlägen gehorcht? Uns allen ist es doch lieber, wenn er die Kommandos freudig befolgt.

Die Rangordnung in der Familie

Meist wird der Hund sozusagen zwischen Mann und Frau harmonisch aufgeteilt: Die Frau füttert und kämmt ihn und beseitigt den Dreck, den er vom Spaziergang mit nach Hause bringt oder sein Häufchen im Garten. Der Mann übernimmt den letzten abendlichen Spaziergang und spielt mit ihm. Kommt Herrchen abends nach Hause, merkt man dem Hund vorher schon die Spannung an, bevor er ihn überschwänglich begrüßt. Ist Frauchen mehrere Stunden unterwegs, wird sie meist kurz beschnuppert und höflich wedelnd begrüßt. Oft gehorcht der Hund dem „Herrn im Hause“ wesentlich besser als der Frau – und das, obwohl sie doch den ganzen Tag mit ihm zusammen ist und ihn umsorgt.
Für diesen Hund stellt der Mann in diesem Fall – selbstverständlich ist es manchmal auch umgekehrt – das Rudeloberhaupt dar. Für ihn ist nur wichtig, dass einer der Gruppe das Rudel eindeutig führt.
Es gibt jedoch auch viele Hunde, die mit jedem mitlaufen, der sie freundlich anredet. Dies sind oft seelisch verwahrloste Hunde, die vermutlich schon von klein auf durch viele Hände gingen. Sie neigen zum Streunen und haben gelernt, ihre Vorteile dort zu nutzen, wo sie sie vermuten. Auch Hunde, die in einer Familie aufwuchsen, wo entweder niemand oder alle gleichzeitig an ihnen herumkommandiert haben, verlieren die Übersicht und können später keine feste Bindung eingehen.
Jeder Junghund hat das Bedürfnis, sich an einer Bezugsperson zu orientieren, von der er den Eindruck hat, diese bekleide die ranghöchste Stellung. Findet er eine solche Person mit einem gefestigten und konsequenten Charakter, so schließt er sich ihr völlig an. Findet er bis zu einem Alter von 1 1/2 Jahren keine derartige Person, so wird er versuchen, innerhalb seines Rudels selbst die Führung zu übernehmen – oder aber er versucht

sich einer Person außerhalb dieser Gruppe anzuschließen. Solch ein Hund gilt als unfolgsam, landet im Tierheim und vielleicht irgendwann bei einem Menschen mit Hundeverstand. Dort kann er, wie durch ein Wunder, der bravste Hund sein, da er die Autorität gefunden hat, die er so lang suchte. Im fünften bis sechsten Lebensmonat eines Hundes entwickelt sich die Gefolgschaftstreue. Findet der Hund während dieser Zeit seinen „Herrn" nicht, so bleibt diese Fähigkeit zum Anschluss offen. Hat er sich einmal angeschlossen, so gilt dies gewissermaßen für alle Zeiten. Kommt solch ein Hund später in andere Hände, ist er zwar in der Lage, sich anzupassen und wird auch eine neue Bezugsperson akzeptieren. Allerdings wird er seinen einstigen Rudelführer nie vergessen und dies sofort zeigen, wenn er nochmals mit dieser Person in Kontakt kommt. Hat der Hund jedoch noch keinen wirklichen Herrn gefunden, so kann er seinen aktuellen Besitzer sofort „vergessen", sobald zwischen ihm und einem anderen Menschen z.B. auf der Straße, „die Chemie stimmt".

Das Fazit lautet, dass der Mensch, egal ob Mann oder Frau die Fähigkeiten eines Rudelführers in sich tragen bzw. erlernen muss, damit ihm sein Hund bedingungslos folgt und sich ihm problemlos unterordnet.

Dem Welpen Disziplin und dem Junghund Gehorsam beizubringen, sollte daher einzig und allein die Aufgabe des künftigen „Rudelführers" sein. Ehepartner müssen sich in der Erziehung einig sein und Kinder dürfen keinesfalls an dem jungen Hund herumerziehen! Eine Familie ist in der Hundeerziehung nur dann wirklich erfolgreich, wenn die Aufgaben in der Gruppe abgesprochen sind und der Hund nicht durch widersprüchliche Kommandos verwirrt wird. Um eine zu starke Fixierung auf ein Familienmitglied zu vermeiden, sollten Ehepaare häufig gemeinsam mit dem Hund spazierengehen und mit ihm spielen. Das Hin- und Herschicken von einem Partner zum anderen macht dem Hund viel Spaß und fördert den Gehorsam zur „zweiten" Bezugsperson. Mit Kindern sollte ein ähnliches Training folgen, sobald sie etwa 8 Jahre alt sind. Trotzdem sollte man immer eine gewisse Vorsicht walten lassen, wenn Kinder mit dem Hund alleine sind. Besonders bei einem großen Hund können hier durchaus Probleme auftreten, wenn das Tier sich nicht hundertprozentig mit seiner rangniedrigsten Stellung im Rudel abfindet.

Auch wenn die Kinder aufgrund des Alters noch nicht in die Hundeerziehung einbezogen werden können, wird der Hund sie doch nicht ablehnen. Wenn nötig, wird er sie stets beschützen und verteidigen. Er gehorcht ihnen nicht unbedingt, sondern nur, wenn es ihm gerade passt, seine Loyalität ist jedoch gesichert. Zu seinem Rudel gehören eben alle Familiemitglieder!

Kastration – ja oder nein?

Leider sträuben sich noch immer viele Hundehalter gegen eine Kastration ihres Tieres, besonders Männer. Sofern der Rüde oder die Hündin nicht zur Zucht vorgesehen ist, bietet dieser harmlose Eingriff jedoch tatsächlich ausschließlich Vorteile. Schließlich sollte sich jeder Skeptiker bewusst machen, dass ein Rüde seinen sexuellen Bedürfnissen in keiner Weise nachkommen darf. Er leidet jedoch enorm, wenn sich läufige Hündinnen in seiner Umgebung befinden. Auch Rüden, die laut Angaben ihrer Besitzer angeblich keinerlei Aufregungen zeigen, unterdrücken diese lediglich und werden einem massivem Stress ausgesetzt. Ohne die Hormontätigkeit hat der Rüde die Möglichkeit, ein völlig gelassenes, stressfreies Leben zu führen. Sobald der Konkurrenzkampf um mögliche Sexualpartner ausbleibt, laufen auch die Kontakte mit Artgenossen ruhiger und weniger spannungsgeladen ab. Besitzer einer Hündin sind diesbezüglich glücklicherweise einsichtiger. Wer möchte sich schon ungeplant mit einem Wurf Welpen wiederfinden? Rüdenbesitzer werden manchmal in ihrer Meinung bekehrt, sobald ihr streunender Rüde in der Nachbarschaft eine läufige Hündin gedeckt hat und hohe Kosten in Form von Tierarztrechnungen drohen.
Bei einer Kastration werden beim Rüden die Hoden und bei der Hündin die Eierstöcke und in der Regel auch die Gebärmutter entfernt. Eine Sterilisation beinhaltet lediglich das Durchtrennen der Samen- bzw. Eileiter; eine Verhaltensänderung ist hiermit nicht verbunden. Um eine Verhaltensänderung herbeizuführen und eventuellen späteren Problemen vorzubeugen, empfiehlt sich eine Kastration kurz vor der Geschlechtsreife. Immer mehr Tierärzte gehen dazu über, auch Hündinnen kurz vor der ersten Läufigkeit, spätestens kurz danach zu kastrieren.
In der Verhaltenstherapie spielt die Kastration eine große Rolle. Viele Probleme bezüglich Dominanz, Streunen oder Aggressionsstörungen gegen Mensch und besonders gegen fremde Rüden ließen sich durch frühzeitige Kastration erheblich verringern. Aber auch spätere Kastrationen bringen meist den gewünschten Erfolg bzw. wirken stark unterstützend bei der Verhaltensänderung.
Wird der Rüde vor der Geschlechtsreife kastriert, bleibt er zeitlebens ein wenig kindlicher und verspielter. Sollen Aggressionsprobleme therapiert

werden, sinkt die Erfolgsrate mit zunehmenden Alter. Die hormonelle Umstellung und damit verbundene Verhaltensänderung kann bis zu einem halben Jahr dauern. Von der Kastration allein wird kein Hund dick und faul. Während der Hormonumstellung sollte die Futtermenge sowie Gabe von Leckerlis leicht reduziert und auf genügend Bewegung geachtet werden.

Die Kastration der Hündin unterbindet in erster Linie die Läufigkeit samt ihrer lästigen Nebenwirkungen. Nur sehr wenige kastrierte Hündinnen beginnen im Alter mit Harnträufeln. Als positiv hat sich erwiesen, dass bei kastrierten Hündinnen keine Gebärmuttererkrankungen mehr auftreten. (Über die Risiken von läufigkeitsunterdrückenden Spritzen streiten sich die Tiermediziner. Gebärmuttervereiterungen kommen leider häufiger vor.)

Erfolgt die Kastration nach der Geschlechtsreife, bleibt die Arbeitstauglichkeit z.B. für den Schutzdienst voll erhalten. Blindenführhunde z.B. werden in der Regel im Alter von einem Jahr kastriert.

Wenn's drauf ankommt, gehorcht er nicht!

Was macht man mit einem Hund, der zwar zu Hause brav und gehorsam ist, draußen aber außer Rand und Band gerät?

Zu Hause ist es ein richtiger Bilderbuch-Hund: Er liegt gesittet in seinem Körbchen, wartet bis er gerufen wird, gibt auf Wunsch jedem Besucher die Pfote und trollt sich auf die leiseste Mahnung seines Besitzers an seinen Platz. Er bettelt nicht, ist zwar wachsam, aber kein Kläffer. Und noch niemals wurde in Wohnung oder Garten auch nur die Spur einer Pfütze oder eines Häufchens gefunden. Kurzum – der Hund macht seinen Besitzern nur Freude, solange er sich in den eigenen vier Wänden aufhält. Kaum aber, dass die Gartentür hinter ihm und seinen Besitzern zuschlägt, verwandelt er sich in ein regelrechtes Monster. Er zerrt an der Leine, schleppt sein Herrchen bzw. Frauchen hinter sich her, bleibt ruckartig stehen, um einen besonders interessanten Geruch ausgiebig zu untersuchen. Wenn die beiden endlich im Park sind und der Hund abgeleint wird, ist er auch sofort verschwunden. Radler, Jogger, andere Hunde – alles ist ihm ein willkommenes Jagdobjekt. Aus den Mülltonnen wird allerlei Unrat durch die Gegend gezerrt, mit einem Riesensprung stürzt er sich in den Ententeich und lässt die Passanten an dem erfrischenden Bad teilhaben, wenn er sich, an Land angekommen, genüsslich schüttelt. Und wie so oft fragen sich seine Besitzer: Warum nur will er überhaupt nicht hören?

Wie so viele Hunde hat er das „Ich-hole-mir-was-ich-will"-Syndrom, eine Unart, deren erste Symptome immer die gleichen sind: Zu Hause ist der Hund brav, draußen macht er, was er

will. Und wie immer ist der Mensch Schuld, der Hund handelt nur folgerichtig.
Da kommt ein süßer Welpe ins Haus und alles dreht sich um ihn. Das tapsige Pfötchengeben ruft Entzücken hervor, beim Einschlafen wird er gestreichelt, beim Aufwachen sofort ins Freie gelassen, damit er sich lösen kann. Alles in allem ein paradiesisches Welpen-Leben.
Dann lässt langsam das Schlafbedürfnis nach, der Kleine wird mobiler und weil er sich ja austoben soll, fordert man ihm beim Gassigehen zu wildem Herumtoben auf: „Los, lauf, da sind die anderen Hunde!". So lange, bis er müde ist und sich Zuhause zufrieden einrollt.
Langsam aber sicher formt sich in der Hundeseele: „Die Wohnung ist zum Schlafen, Fressen, Schmusen und Sichverwöhnenlassen da, ansonsten langweilig. Das wirkliche Leben beginnt draußen vor der Tür. Da locken Abenteuer, da bin ich gefordert, da gilt es, Feinde zu vertreiben und Opfer zu jagen. Schade, dass mein Mensch nicht mithalten kann, zu zweit wäre es noch schöner." Und mit jedem Spaziergang verstärkt sich diese Hunde-Überzeugung.
Was man dagegen tun kann? In jedem Hund schlummert ein temperamentvoller Jäger und Verfolger. Man kann dieses „Talent" nicht unterdrücken, nur in die richtigen Bahnen lenken, indem man noch einmal ganz von vorn anfängt. Andere Ausgehzeiten, einen neuen Weg, eventuell ein neues Halsband und eine neue, möglichst lange Leine. Dies erhöht, weil ungewohnt, die Aufmerksamkeit des Hundes. Der Hund bleibt an der Leine und es wird losmarschiert, mal langsam, mal schnell, mal bleibt man stehen, ein anderes mal dreht man um. Dies verwirrt ihn natürlich und vielleicht schaut er einen anfangs mitleiderregend an. Schauen Sie weg! Man sollte wenigstens fünf Minuten lang darauf bestehen, dass der Hund sich dem eigenen Tempo und Richtung anpasst.

Erst nach der Arbeit kommt das Vergnügen

Mit einem Ball oder anderem Spielzeug leitet man die Freilaufphase – möglichst außerhalb der Sichtweite anderer Hunde, in einer fremden Umgebung – mit einem kleinen Spiel ein. Wenn er nicht gelernt hat zu apportieren, erfolgen einfache Übungen wie „Sitz", bevor er laufen darf. Alle drei bis vier Minuten ruft man ihn zu sich, streichelt oder belohnt ihn, wenn er gehorcht und lässt ihm wieder kurz seine Freiheit.
Solche Übungsspaziergänge dauern länger als die normalen. Es sind viel Geduld, Humor und eine Menge Belohnungshäppchen nötig. Auch wenn anfangs nur kleine Fortschritte

Für viele Hunde ein Riesenspaß: Apportierspiele im Wasser

zu bemerken sind: schließlich hat der Hund ja auch lang genug gebraucht, um sich seine Unarten anzutrainieren. Er wird sie nicht von heute auf morgen ablegen. Aber er wird Schritt für Schritt dem Ideal näherkommen: gemeinsam mit seinem Besitzer etwas zu unternehmen, indem er sich diesem anpasst – und nicht umgekehrt.

Gehorsam lernen ohne Zwang

Was tun, wenn der vierbeinige Freund nur dann gehorcht, wenn er will? Wenn er sich stets viel zu weit entfernt und bei Ablenkung, z.B. durch andere Hunde, gar nicht mehr reagiert? Kaum etwas ist dem Halter peinlicher, als sein davon stürmender Hund. Einem Welpen sieht man solches Fehlverhalten noch nach, von einem erwachsenen Hund wird dagegen ein gewisser Gehorsam erwartet. Vor allem in Gefahrensituationen (z.B. ein nahendes Auto) sollte man sich auf seinen vierbeinigen Freund verlassen können.

Falsche und richtige Methoden

Nun ist vor allem überlegtes Handeln wichtig. Der größte Fehler in einer solchen Situation – und man sieht dies leider immer wieder: Herrchen oder Frauchen rennt wütend schimpfend hinter dem Hund her, und wenn der Ausreißer endlich eingefangen wurde, wird er kräftig geschimpft und gestraft. Diese Reaktion ist in jedem Fall grundverkehrt. Der Hund wird die Bestrafung nicht verstehen, da kein Bezug zu der „Tat" vorhanden ist; er bringt sie mit dem Zurückkom-

men in Verbindung. Es kann passieren, dass er das nächste Mal noch weiter flüchtet, sobald er Herrchen/Frauchen bemerkt.
Die einzig sinnvolle Einwirkung muss im Moment des Weglaufens erfolgen – z.B. durch Werfen einer Wurfkette (die man meist im Gras nicht mehr wiederfindet) oder z.B. einer mit Steinchen gefüllten Blechdose. Der Wurfartikel darf jedoch keine Verletzungen verursachen, ein Schlüsselbund ist z.B. ungeeignet. Labile Hunde sind oft derart beeindruckt, dass bald schon ein leises Klappern genügt. Bei etwas selbstbewussteren oder dominanteren Kandidaten wird man auch mit dieser Methode wenig Erfolg haben.
Bei einem ungehorsamen Hund hilft nur eines dauerhaft: Die Bindung zum Besitzer muss verstärkt werden, da ansonsten weitere Unterordnungsprobleme auftreten werden. Es darf keinesfalls mit Zorn oder Gewalt reagiert werden, da der Hund nicht aus Furcht gehorchen soll. Unerwünschtes Verhalten wird möglichst ignoriert, erwünschtes Verhalten wird ausgiebig belohnt.

Empfehlenswerte sanfte Methoden

Geradezu Wunder bei zu selbstständigen Hunden wirkt eine raschelnde Tüte mit Leckerlis oder sogar Wurststückchen. Gehorcht der Hund sofort, bekommt er eine Belohnung und wird ausgiebig gelobt. Er wird den Ruf seines Herrchens bald mit der Belohnung in Verbindung bringen. Gehorcht er nicht, greift man zu dem für das Rudeltier Hund beeindru-

Nur ein Hund, der freudig empfangen wird, kehrt gern zu seinem Menschen zurück.

ckendsten Mittel: Umdrehen und in die entgegengesetzte Richtung davongehen! Wer einmal diese völlig „erstaunte" Mimik eines derart verlassenen Hundes beobachtet hat, ist von der Wirksamkeit dieser Therapiemethode überzeugt: Plötzlich kommt Herrchen nicht mehr hinterhergelaufen, sondern verlässt ihn einfach. Bei den meisten Hunden ist der Rudeltrieb so stark ausgeprägt, dass sie schnellstens hinterhergelaufen kommen. Selbstverständlich darf nun die Belohnung nicht vergessen werden!
Bei ganz hartnäckigen Vierbeinern kann man als Steigerung noch das Versteckspiel anwenden. Gehorcht der Hund nicht, versteckt sich der Besitzer z.B. hinter einem Baum/Strauch. Ist kein geeignetes Versteck in der Nähe, flach hinlegen! (Schmutzige Kleidung kann man waschen, aber verpasste Erziehungsversuche verschärfen das Problem.)
Diese Maßnahme darf jedoch nicht in der Nähe einer befahrenen Straße ergriffen werden – wo der Hund sowieso angeleint sein sollte. Selbst der größte „Dickkopf" könnte in Panik geraten, wenn sein Rudel plötzlich verschwunden ist. Bei dieser Gehorsamsübung sollte der Hund unbedingt beobachtet werden, damit man sieht, wohin er sich bewegt.
Mein eigener Hund Paco – ein sehr schwieriger Fall – lief bei dem ersten Versuch dieser Art sofort ohne zu zögern und schnurstracks auf meiner Spur zurück, was ich hinter dem Busch nicht sah. Ich wartete und wartete in der Gewissheit, er würde mich suchen und finden. Paco jedoch hatte den Spieß umgedreht: Nach einstündiger aufgeregter Suche meinerseits fand ich ihn zu Hause schlafend vor der Haustür.
Eine vernünftige Kombination der verschiedenen Möglichkeiten führt am ehesten zum Ziel. Es soll auch schon Erfolge mit der sog. Such- oder Laufleine gegeben haben. Die Handhabung dieses 10-20 m langen dünnen Seiles ist jedoch recht schwierig und umständlich. Generell sollten zu den reinen „Komm"-Übungen auch andere bereits einmal gelernte Kommandos wieder aufgefrischt werden. Zwischendurch „Sitz", „Platz", „Fuß" abwechselnd z.B. mit Stöckchenwerfen machen den Spaziergang für Hund und Herrchen interessanter.
Mit jeder gelungenen Übung – auch zu Hause in Wohnung oder Garten – wird sich der allgemeine Gehorsam des Hundes verbessern. Er wird seinem Rudelchef gern folgen und das Gassigehen wird wieder zu dem was es sein soll: Spaß und Entspannung für beide.

Wenn Gehorsam nur aus Angst besteht

Nicht erstrebenswert ist dagegen ein Hund, der ständig dicht bei Fuß geht

und sich gar nicht mehr traut, eigene Erkundungen in einigen Metern Entfernungen anzustellen. Ein solcher Hund wurde mit ziemlicher Sicherheit mit zu großer Strenge und Härte zu diesem „Gehorsam" erzogen. Dies hat jedoch nichts mit dem wünschenswerten Gehorchen zu tun: Der Hund sollte sich in einem gewissen Radius frei bewegen dürfen, auf Ruf sollte er jedoch zu seinem Besitzer kommen – ohne Angst!
Aber falls etwas mitten auf dem Acker besonders gut riecht, könnte auch Herrchen oder Frauchen mal ein wenig Geduld zeigen ... und auch das Spielen mit anderen Hunden sollte unbedingt erlaubt sein. 15 Minuten lustiges Toben ist für den Hund weitaus befriedigender als eine Stunde neben dem Besitzer herzutrotten – und richtig müde ist er hinterher auch.

An der Leine ziehen

Der erste Fehler beginnt meist bereits beim ersten Spaziergang. Jeder Hund wird zunächst einmal an dem ungewohnten Strick ziehen und zerren. Es ist nur verständlich, dass wir Menschen ihn mit leichtem Zupfen an der Leine und ermahnenden Worten hiervon abbringen wollen. Aber das ist falsch. Denn der Hund gewöhnt sich sofort an diese Minirucke und die Mahnworte seines Besitzers sagen

Hier bestimmt der Hund, wo's langgeht.

Kopfhalfter sind zwar wirkungsvoll, jedoch nicht jedermanns Sache. Bei einem Geschirr verlagert sich der Druck beim Ziehen auf die Brustmuskeln und der Hund wird ebensowenig wie zuvor bei Fuß gehen, sondern weiterhin mit aller Kraft ziehen.

ihm höchstens, dass dieser sich unsicher fühlt. Die Bedeutung der Worte kann er nicht verstehen und er kennt deren Sinn nicht, nur die Stimmung teilt sich ihm mit. Beim nächsten Mal wird der Ruck stärker, das Schimpfen lauter und entschiedener – auch daran gewöhnt sich der Hund so lange, bis er schließlich auch durch noch so heftiges Zerren nicht mehr zu belehren ist. Seine Halsmuskulatur hat sich durch das ständige „Training“ so gestärkt, dass er fast unempfindlich gegen die Rucke geworden ist. Das wütende Schimpfen überhört der Hund nun, da er sich auch daran durch die allmähliche Steigerung langsam gewöhnen konnte.

Die häufig durch Hundetrainer und -vereine propagierten Leinenrucke und kräftiges Ziehen am Halsband haben negative Auswirkungen auf die Halswirbelsäule, auf Luft- und Speiseröhre und können hier erhebliche Schäden verursachen. Außerdem können Rückenbeschwerden hervorgerufen werden. Manch ein verzweifelter Hundebesitzer greift nun zu einem der Hilfsmittel, die vielfach leider immer noch sogar in manchen Hundeschulen eingesetzt werden: Die so genannten Stachel- oder Würgehalsbänder. Dass hierdurch das Problem nicht gelöst werden kann, sollte auch einem Laien einleuchten, da die Ursache des Ziehens nicht beseitigt wird. Hierdurch lernt der Hund nur, dass er einen brutalen Besitzer hat und auf einen Schmerz hin folgt instinktiv die Flucht nach vorn. Daher sind derartige Methoden grundsätzlich als Tierquälerei abzulehnen, da auch angebliche „Erfolge“ nur kurzzeitig sind. Wer möchte schon einen Hund, der nur aus Angst vor Schmerzen oder Strafe in Demutshaltung einigermaßen brav „bei Fuß“ geht?

Leinenführigkeit sanft beibringen

Der Hund soll den Weg des geringsten Widerstandes an unserer Seite von selbst finden! Um ihm hierbei zu helfen, suchen wir eine Wiese oder einen leeren Parkplatz auf und befestigen eine fünf bis zehn Meter lange Leine am Halsband. Eine Rollleine ist ungeeignet, eine so genannte dünne Feldleine nur bedingt geeignet. Die beste Lösung ist eine breite Leder- oder Nylonleine, wobei man notfalls auch mehrere „normale“ Leinen aneinander befestigen kann.

Nun geht man fünfzehn bis zwanzig Schritte geradeaus und beachtet seinen Hund nicht. Er wird weder angesprochen, gerufen noch gelobt oder Ähnliches. Man bleibt einen Moment stehen – der Hund wird den Besitzer vermutlich kaum beachten und weiterhin herumschnuppern. Dann geht man im Winkel von 90 Grad nach rechts weitere 20 Schritte. Das

Schnuppern wird jäh unterbrochen und der Hund *muss* notgedrungen folgen. Der leichte Ruck an der Leine wird nicht schmerzhaft, jedoch für den Hund unangenehm sein, da er ihn aus seiner Beschäftigung herausreißt.
Das Wichtigste an dieser Übung: Es wird kein Wort gesprochen, völlig egal, wie sich der Hund anfangs verhält, egal wie sehr er sich in der Leine verheddert! Er wird wortlos aus dem Gewirr befreit. Auf diese Art und Weise geht man mehrmals ein Quadrat von 20 Schritten pro Seite im Uhrzeigersinn.
Wie wirkt diese Übung auf den Hund? Solange der Hund nicht auf sein Herrchen/Frauchen achtet, ruckt es leicht am Hals oder er verwickelt sich in die Leine. Da er nicht geschimpft wird, merkt er, dass niemand auf ihn böse ist, dass auch niemand ihn strafen wollte, sondern dass er selbst für diese Unannehmlichkeiten verantwortlich ist. Die logische – auch für einen Hund einfach nachzuvollziehende Lösung des Problems: Er alleine kann diesem Ruck ausweichen und das lästige Sich-Verheddern vermeiden, indem er sich auf den Leinenführer konzentriert. Der Hund lernt schnell aus seinen Fehlern und wird versuchen, diese zu vermeiden.
Die weitere Vorgehensweise: Je mehr der Hund auf den Halter achtet, desto kürzer wird die Leine gefasst. Die Aufmerksamkeit des Hundes wird lediglich aus den Augenwinkeln heraus kontrolliert. Nach wie vor wird nicht gesprochen, der Hund wird nicht ermahnt und nicht gerufen! Auch direkter Blickkontakt sollte vermieden werden.
Die Übungen sollten täglich 2-3 mal, niemals länger als 15 Minuten ausgeführt werden. Mit Welpen und Junghunden übt man aufgrund der geringeren Konzentrationsfähigkeit maximal 5–10 Minuten. Nach einigen Tagen wird der Hund brav, selbstbewusst und ohne Angst neben seinem Führer gehen – intensiv darauf bedacht, dem Menschen von sich aus zu folgen.

Falls es Rückfälle geben sollte, wird die Übung sofort wieder aufgefrischt.

„Komm" – das wichtigste Kommando

Jeder Hund kommt auf Ruf, wenn er weiß, dass er gemeint ist und er mit dem herkommen etwas Positives verbindet. Kommt er nicht, liegt es häufig daran, dass er verkehrt gerufen wird und gar nicht weiß, was sein Herrchen/Frauchen von ihm erwartet.
Fast jeder Hundebesitzer hat sich auch schon einmal die Seele aus dem Leib geschrien, um seinen Vierbeiner herbeizuzitieren, während um ihn herum amüsierte Spaziergänger auf den Ausgang des Spektakels warteten. Oder man kramt sämtliche

Leckerlis aus den Taschen und stößt alle möglichen Kosenamen aus, nur um den eigenen Hund aus dem Pulk spielender Hunde herauszulotsen. Neidisch bemerkt man dabei, wie Nachbars Hund auf den Pfiff seines Herrchens alles stehen- und liegenläßt, um zu ihm zu laufen. Solche Erlebnisse müssen nicht sein. Denn jeder Hund wünscht sich eigentlich, seinem Herrn zu folgen, da er ein Rudeltier ist. Gehorcht er auf den Ruf nicht, so hat er (aus seiner Sicht) Recht. Kein Hund wird lernen, wie ein Mensch zu denken, also müssen wir Menschen lernen, wie unsere Hunde zu denken. Hunde sind Logiker, die sich Situationen fest einprägen und mit positiven oder negativen Erfahrungen verknüpfen. Wenn der Hund nach jedem Spaziergang gerufen, angeleint und nach Hause geführt wird, verbindet er den Ruf mit dem Negativ-Erlebnis: „Der Spaziergang ist leider zu Ende". Die einzige Möglichkeit, den Spaß zu verlängern, besteht für ihn darin, erstmal nicht oder möglichst spät zu gehorchen.

Das beste Mittel dagegen ist, ihn häufig zwischendurch zu rufen, stets zu loben und gelegentlich mit einem Leckerchen zu belohnen. Manchmal wird er dann auch kurzzeitig an- und dann wieder abgeleint.

Der zweite und häufigste Fehler der Hundebesitzer – wobei für den Hund eine Welt zusammenbricht – liegt darin, den Hund, welcher die ersten 3-4 Rufe „überhört" hat und dann doch endlich kommt, zu beschimpfen oder gar zu bestrafen. Dieser endlich freudig herbeirennende Hund, gut gelaunt und schwanzwedelnd, wird von einem wütenden Herrn empfangen, dessen Haltung und Gestik seinen Zorn ausdrücken. Die Folge: Der Hund bekommt Angst und zeigt dies durch eingezogenen Schwanz und eine geknickte Haltung (dies drückt kein schlechtes Gewissen sondern schlicht Angst aus!). Daraufhin wird er womöglich auch noch bestraft. Nun versteht er gar nichts mehr. Schließlich hat er genau das getan, was von ihm verlangt wurde und wird dafür gescholten! Beim nächsten Mal wird er vermutlich noch länger zögern, da er bei seiner Ankunft ein erneutes Donnerwetter erwartet. Welchen Grund sollte der Hund haben, dem Ruf seines Herrchens sofort zu folgen, wenn sowieso nur Ärger zu erwarten ist? Immer wenn der Hund kommt, muss der Besitzer Freude zeigen – egal wie oft er vorher nicht gehorcht hat!

Ein weiterer Grund, der den Hund daran hindert, auf den Ruf zu reagieren, ist die Abstumpfung durch das häufige Nennen seines Namens. Dies zeigt dem Hund: „Prima, mein Rudelführer hält Rufkontakt zu mir, so dass ich weiß, wo er sich befindet.

Ich kann in Ruhe meiner Wege gehen und unbekümmert schnüffeln".

Korrekturmöglichkeiten

Immer nur einmal rufen! Kommt keine Reaktion, läuft man zügig in die entgegengesetzte Richtung oder – noch besser – versteckt sich. Diese Methode verlangt Durchhaltevermögen und Geduld und sollte nicht in der Nähe von befahrenen Straßen durchgeführt werden. Denn es kann dauern, bis der Hund das Verschwinden bemerkt. Er wird – ob nach sofortiger Aufnahme der Spur oder zunächst ziellosem panikartigem Suchen – erleichtert sein, Herrchen oder Frauchen wiederzufinden. Und schon beim nächsten Mal wird er etwas schneller reagieren. Besonders gute Erfolge erzielt man mit dieser Methode in fremder Umgebung – hier sollte man den Hund allerdings unbemerkt im Blick behalten, da nicht jeder ein perfekter Suchhund ist und evtl. in die falsche Richtung losstürmt.

Auf keinen Fall dem Hund hinterherlaufen! Eine derartige Verfolgungsjagd wird immer missverstanden: und zwar als herrliches Spiel, wobei der Verfolgte leicht dafür sorgen kann, dass der Abstand zum Verfolger sich nie verringert. Vier Beine sind eben immer schneller als zwei! Solch eine Jagd kann den Besitzer ganz schön in Wut versetzen, die hinterher keinesfalls zum Ausbruch kommen darf! Beherrschung ist angesagt. Bei besonders hartnäckigen, freiheitsliebenden Hunden ist der Besuch einer guten Hundeschule oder die Konsultation eines Tierpsychologen empfehlenswert. Erfahrene Hundetrainer kennen diverse (sanfte) Möglichkeiten, den Gehorsam zu korrigieren, so dass künftige Spaziergänge harmonischer und stressfreier ablaufen können.

Spielen mit dem Hund

Spielen ist eine unschätzbare Hilfe bei der Erziehung – nicht nur eines jungen Hundes. Spiel bedeutet den wichtigen Kontakt zwischen Mensch und Hund herzustellen und ist auch eine wichtige Therapie bei vielen Verhaltensstörungen. Im Spiel baut sich Vertrauen auf – wenn man es richtig macht. Besonders wichtig ist das gemeinsame Spielen für Hunde, die mehrere Stunden am Tag alleine bleiben müssen. Beim richtigen Spiel lernen sie unter anderem, sich auch einmal alleine zu beschäftigen.

Spielen in der Erziehung

Ebenso wie kleine Kinder brauchen Welpen enorm viel Zuwendung, um sich zu „normalen" Hunden zu entwickeln. Für den Welpen hat das Spiel zunächst keinen ernsthaften Sinn, ein Spielzeug wird nur so herumgetragen oder er versucht, seinen Schwanz zu fangen. Spielen fördert die natürliche Neugier auf alles Neue, auf Dinge und Situationen und ist somit eine aktive Form des Lernens. Dies kann man sich bei der Erziehung des Hundes zunutze machen. Für junge Hunde benötigt man viele unterschiedliche Spielzeuge, da sie schnell das Interesse verlieren. Das Material der Spielsachen muss für junge Hunde geeignet und ungefährlich sein. Je älter der Hund wird, desto länger und intensiver kann er sich mit einer Sache beschäftigen. Auch dies nutzt man für die Erziehung.

Spiel als Therapie

Ab und zu muss jeder Hund den aufgestauten Jagdtrieb abbauen. Hierzu sucht er sich eine nicht unbedingt passende „Beute“: Die Reifen eines Fahrrades oder Mofas, spielende Kinderbeine oder die eines Spaziergängers, manchmal auch die Katze des Nachbarn. Um dies zu verhindern, muss man viel mit dem Hund spielen, damit er diese Angriffsbereitschaft abreagieren kann. Hierzu besonders geeignet ist das Raufen um eine Beute – z.B. einen Stock oder ein altes Handtuch, welches er später auch genüßlich zerreißen oder zerbeißen darf. Absolut tabu sollte die Leine sein. Wird diese als Beute angesehen, so bekommt man später Probleme, den Hund anständig zu führen. Hunde lieben diese „Zweikämpfe“ über alles, zerren und ziehen, flüchten mit der Beute und reagieren so die in ihnen schlummernden Triebe in kleinen harmlosen Portionen ab. Der Mensch muss jedoch stets der Gewinner des Spiels bleiben, damit die Rangordnung nicht ins Wanken gerät.

Spiel mit Artgenossen

Besonders wichtig für die Entwicklung ist das Spiel mit Artgenossen. Auch erwachsene Hunde spielen immer noch gerne und ausdauernd. Für die ganz Jungen empfiehlt sich eine Welpenspielgruppe, in der der junge Hund hündische Ausdrucksformen erlernen und verfeinern kann. So werden spätere Kontaktschwierigkeiten mit anderen Hunden von vornherein vermieden.
Ob unter Hunden oder zwischen Hund und Mensch: Das Spiel wird durch den Hund durch eine Art Verbeugung eingeleitet: Die Vorderbeine berühren den Boden, das Hinterteil ragt hoch in die Luft. Dazu „robbt“ der Hund nach vorne und zeigt sein Spielgesicht. Die Schnauze ist wie zum Lachen geöffnet. Eine weitere Aufforderung ist das Spielzeugtragen. Hierbei wird dem Spielpartner ein Stock oder Ball gebracht und vor ihm abgelegt. Greift der Mensch oder

Harmlose Raufereien klären die Rangordnung und schulen soziales Verhalten.

schnappt der andere Hund danach, nimmt ihn der Hund und rennt davon. Die beliebtesten Spielformen mit Partner sind: Rauf- und Kampfspiele, Holen und Bringen, Fangenspielen, Kreislaufen, Kommen und Weglaufen. Besonders die Rauf- und Kampfspiele sollten mit jungen Hunden häufig gespielt werden um ihr Spielbeißen zu trainieren. Sie müssen lernen, wie fest sie zupacken dürfen, ohne uns Menschen weh zu tun. Dafür eignet sich ein kräftiger Lappen, ein dicker Handschuh, ein alter Fußball oder ein kräftiger Stock. Weitere äußerst beliebte Spiele sind Jogging oder Hindernislauf zusammen mit dem Hund, Apportieren oder Frisbee spielen (es gibt spezielle Hundefrisbees mit weichem Rand!). Spielen kann man nie genug! Der Hund wird es ihnen durch ein ausgeglichenes und friedfertiges Wesen danken.

Wenn der Hund sich zur Nervensäge entwickelt

Viele Hundebesitzer kennen das Problem: Wenn der Hund im Mittelpunkt stehen möchte und nicht beachtet wird, entwickelt er sich zu einer reinen Nervensäge: Gerade während man telefoniert, zerpflückt er den Inhalt des Papierkorbes. Kaum hat man ihn in sein Körbchen geschickt, macht er schon wieder neuen Unfug. Sperrt man ihn kurzzeitig in einen anderen Raum, um seine Ruhe zu haben, heult und jault er erbärmlich.

Der Hundehalter merkt, wie er langsam wütend wird und irgendwann erhält der Hund seine „Standpauke". Und damit hat die kleine Nervensäge genau das erreicht, was er wollte: *Die Aufmerksamkeit seines Besitzers.* Er wollte erreichen, dass man sich mit ihm beschäftigt, ob im positiven oder negativen Sinne, ist ihm völlig gleichgültig. Daher ist Schimpfen oder Strafe als Gegenmaßnahme völlig ungeeignet.

Weshalb ändert der Hund sein früher braves Verhalten? Die Provokationen des Tieres sind ein Zeichen für Unausgeglichenheit und Unklarheiten in der Rangordnung der Familie. Meist beginnen diese Probleme schleichend und fallen erst auf, wenn der Hund sich derart unleidlich aufführt. Je früher man die ersten Anzeichen bemerkt, desto besser, und umso schneller und einfacher können die Unklarheiten beseitigt werden. Jeder Hund fühlt sich am wohlsten in einer untergeordneten und für ihn sicheren Rangposition. Die Führung überlässt er sehr gerne dem zweibeinigen Kameraden, sofern dieser in der Lage ist, die Führungsrolle souverän auszuüben.

Wie bringt man nun dem Hund wieder anständiges Benehmen bei? Es ist an der Zeit für ein Dominanztraining, bei dem der Hund wieder lernen muss, wer denn eigentlich das Sagen hat. Der Besitzer muss seinem Hund verständlich machen, dass er selbst der Rudelführer ist und sein Vierbeiner das zu tun hat, was er anordnet.

Das richtige Training sollte begleitet sein durch viel Zeit, Geduld und noch mehr Lob für korrektes Verhalten. Bei den täglichen Spaziergängen werden regelmäßige Gehorsamsübungen wie Sitz, Platz, Fuß, Bleib, Komm usw. ein-gebaut. Meist gehen die Schwierigkeiten mit nachlassendem Gehorsam zu Hause einher. Die Kommandos müssen unbedingt schnell und korrekt ausgeführt werden, um das ersehnte Lob oder Leckerli zu bekommen.

Gestreichelt und gespielt wird ausschließlich auf Veranlassung des Halters, und nicht dann, wenn der Hund es verlangt. Auch erhöhte Liegeplätze sollte man unterbinden, spätestens dann, wenn der Hund in irgendeiner Form Aggressionen zeigt. Auch zu Hause muss der Hund etwas erwünschtes tun, um Aufmerksamkeit und Lob zu erhalten. Man sollte ihm hierzu mehrmals täglich die Gelegenheit geben – durch kurze Gehorsamsübungen. Seine Versuche, durch Unfug auf sich aufmerksam zu machen, werden völlig ignoriert.

Wann war die Korrektur erfolgreich? Wenn der Hund sein Dominanzgeba-

ren abgelegt hat und folgende Selbstverständlichkeiten problemlos akzeptiert: Der Besitzer geht als erster durch die Tür und neben ihm die Treppen hinauf. Er darf als erster essen, ohne dass der Hund bettelt.
Der allgemeine Gehorsam sollte sich deutlich gebessert haben – zu Hause sowie beim Spaziergang mit Freilauf. Der Hund führt sich nicht mehr als Kasper auf, um Aufmerksamkeit zu erhalten; diese bekommt er nach korrekt ausgeführten Übungen. Zum Spielen fordert das Herrchen oder Frauchen auf.
Sobald die Probleme als erledigt angesehen werden können, dürfen manche Regeln selbstverständlich wieder etwas gelockert werden. Es ist schließlich nichts dagegen einzuwenden, wenn der sich anstandslos unterordnende Hund sein Bällchen zum Spielen bringt. Auch das Liegen auf Sofa oder Bett darf – nach Ermessen der Familie – wieder erlaubt werden, sobald eindeutig geklärt ist, wer in dem Rudel der Chef ist.

Wichtige Kontakte mit Artgenossen

Dass man seinen Hund anleint, sobald einem ein fremder Hund begegnet, ist ja im Straßenverkehr oder in einer Menschenansammlung völlig korrekt. Auch, dass der Halter

Spezielle Tipps und Erziehungsvorschläge kann man bei schwierigen Fällen von einem Tierpsychologen erhalten.

Vorsichtige Annäherung beim ersten Treffen: „Wer ist hier der Chef?“

eines kleinen Hundes diesen vorsichtshalber an die Leine nimmt, sobald er in der Ferne einen großen Hund sieht, ist noch nachvollziehbar. Aber weshalb manche Hundebesitzer ihren Tieren keinerlei Kontakte zu Artgenossen, kein freies Spiel und Herumtoben erlauben, ist völlig unverständlich. Der Grund hierfür ist meist Angst und Verunsicherung. Hunde laufen von sich aus auf ihre Artgenossen zu, nehmen Kontakt auf und zeigen gerne ein Imponiergehabe. Wenn die Tiere die Möglichkeit haben, sich unbeeinflusst von ihren Besitzern kennenzulernen, kommt es nur in ganz seltenen Fällen zu ernsthaften Beißereien.

Bleibt dagegen der Mensch stehen, versucht, seinen Hund zurückzurufen oder sogar einzugreifen, wird der Hund verunsichert. Was vorher noch eine völlig normale Begegnung unter Artgenossen war, wird plötzlich zu einer angsteinflößenden Situation für ihn. Er reagiert mit Knurren und Kläffen. Richtig wäre es, die Begegnung mit anderen Hunden als eine gute Möglichkeit für den eigenen Hund zu sehen, sich in sozialem Verhalten zu üben. Bei kleineren Auseinandersetzungen gehen wir weiter; der Hund wird von alleine folgen, wenn sein Rudelführer sich entfernt. Denn nichts ist für einen Hund wichtiger, als seinem Besitzer zu folgen. Dies ist eben die Logik des Hundes und wir Menschen müssen endlich lernen, diese zu verstehen und umzusetzen.

Einem Hund, der bei jeder Gelegenheit ernsthaft nach fremden Hunden schnappt, kann man Freilauf leider nicht ohne Maulkorb gewähren.

Wer seinem Hund ständig die Begegnungen mit anderen Hunden aller Rassen und Größen untersagt, fördert die Aggressionsbereitschaft und bei passender Gelegenheit wird sich diese dann in Raufereien entladen. Es gibt doch wirklich nichts schöneres für das Rudeltier Hund, als mit einer Meute von Artgenossen frei herumzutoben!

Und wenn sich nun zwei in etwa gleich große und ähnlich starke Hunde auf einem abgelegenen Feldweg mit ihren Besitzern treffen, so gibt es keine Notwendigkeit, die beiden vorab durch Anleinen in ein Aggressionsverhalten zu drängen. Bekanntlich fühlt sich jeder Hund an der Leine seines Herrn stark und macht sich gerne wichtig. Wesentlich entspannter verlaufen diese Begegnungen, wenn beide Tiere frei laufen dürfen – vorausgesetzt natürlich, das Sozialverhalten beider Hunde kann als normal bezeichnet werden.

Hund und Kind

„Was, wenn unser Hund auf das Baby eifersüchtig wird?“ „Müssen wir den Hund weggeben?“ – Fragen, die künftige Eltern beschäftigen. Solche Probleme können durch richtige Planung im Vorfeld ausgeräumt werden.

Ein tolles Team mit viel Spaß beim Lernen

Viele Jahre hatte der Hund seine Menschen ganz für sich alleine – dann soll genau in einem „seiner" Zimmer das Kinderzimmer eingerichtet werden. Überaus wichtig ist nun, dass die Besitzer mit den Veränderungen im Haushalt beginnen, sobald sie von der Schwangerschaft erfahren. Der Hundekorb zum Beispiel wird sofort an seinen neuen Platz gestellt. Wenn das Baby dann da ist, ist dieser neue Platz für den Hund längst gewohnt und wird nicht negativ mit dem Kind in Verbindung gebracht – er fühlt sich von dem Neuling nicht verdrängt. Wenn der Hund später nicht in das Babyzimmer soll, wird ihm schon lange vor der Geburt des Kindes das Betreten dieses Zimmers untersagt. Besonders unangenehme Verbote dürfen auf gar keinem Fall etwas mit dem menschlichen Neuling zu tun haben – dafür aber jede Menge positive Erlebnisse.

12 Regeln für den Umgang mit Hunden

1 Einen Hund sollte man immer so behandeln, wie man selbst behandelt werden möchte! *Also nicht zu forsch, nicht an den Ohren oder am Schwanz ziehen, quälen oder treten. Nicht anschreien! Der Hund kann nicht sagen, wenn es ihm reicht, er kann sich nur mit den Zähnen wehren. Weil Hunde besser hören und riechen als wir, sind sie an Nase und Ohren besonders empfindlich!*

2 Egal, wie niedlich ein Hund aussieht – nicht einfach ohne zu fragen anfassen! *Viele Hunde wurden schon von Kindern gequält oder geärgert und sind daher nicht gut auf sie zu sprechen. Vorher immer erst den Besitzer fragen! Wenn ein Hund auf seinem Schlafplatz liegt, darf er nicht gestört werden!*

3 Alles vermeiden, was der Hund als Bedrohung auffassen könnte! *Bedroht man einen Hund grundlos, stellt man die Rangordnung infrage, welche er dann verteidigen möchte. Also den Hund nicht herausfordern und Drohgebärden unterlassen!*

4 Einem Hund nicht direkt in die Augen starren! *Das Sich-in-die-Augen-schauen ist unter Hunden ein wichtiges Mittel zur Rangordnungsklärung. Man starrt sich so lange an, bis einer wegsieht, der andere ist der Stärkere. Will keiner nachgeben, wird gekämpft.*

5 Nicht am Schwanz zerren! *Dieser ist für den Hund ein wichtiges Ausdrucksmittel und er wird es notfalls mit den Zähnen verteidigen. Wird der Schwanz z.B. eingeklemmt, ist Vorsicht angesagt! Hält er ihn steil in die Höhe, ist er angespannt und könnte böse werden.*

6 Hunde niemals beim Fressen stören! *Fressen ist für sie etwas sehr Wichtiges. Schon Welpen verteidigen ihr Futter. Etwas wegnehmen darf nur der Ranghöchste, der Besitzer (so sollte es zumindest sein!). Jede Störung beim Fressen betrachtet der Hund als Angriff und er wird seine Häppchen notfalls verteidigen. Also Finger weg vom Futternapf!*

7 Beim Spielen den Zähnen nicht zu nahe kommen! *Hunde spielen gern, es gibt nichts Schöneres als etwas zu jagen, zu fangen oder zu raufen. Dabei kann es passieren, dass das Tier aus Versehen daneben zwickt – Vorsicht!*

8 Raufende Hunde niemals trennen! *Ein ernsthaft kämpfender Hund konzentriert sich nur auf seinen Gegner und lässt sich nicht ablenken – er ist im Kampf quasi taub, blind und gefühllos und merkt nicht, wenn er eine Hand beißt, die ihm helfen will. Zum Trennen zweier Kämpfer sind zwei erwachsene Personen nötig (beide Hunde gleichzeitig ruckartig an den Hinterläufen wegziehen!)*

9 Nie vor einem Hund davonlaufen! *Jeder Hund hat einen Jagdinstinkt, der eine mehr, der andere weniger. Wenn sich etwas schnell von ihm entfernt, muss er hinterher …*
10 Wenn ein Hund angreift – nicht bewegen! *Die meisten Hunde wollen gar nicht beißen, sondern nur festhalten. Will man den Arm wegziehen, reizt dies das Tier nur noch mehr. Ein bewegungsloses Objekt ist jedoch uninteressant.*
11 Nie mit einem fremden Hund spielen! *Mit einem unbekannten Hund kann es schnell zu Missverständnissen kommen.*
12 Kein Hund ist wie der andere! *Jeden Hund muss man neu kennenlernen, denn keiner gleicht dem anderen. Also nicht gleich streicheln, sondern sich nur vorsichtig annähern und den Hund erst mal ausgiebig schnuppern lassen. Man weiß nie, ob er bereits schlechte Erfahrungen mit Kindern gemacht hat.*

Der Hund sollte unbedingt ganz bewusst in Schmusereien mit dem Baby einbezogen werden und andererseits auch mal völlig unbeachtet bleiben, wenn das Kind nicht dabei ist. Sicherlich wäre es oft viel einfacher, sich mit dem Tier zu beschäftigen, wenn das Baby schläft … aber das Kind muss für den Hund zu einem angenehmen Erlebnis werden: Ist das Baby dabei, wird's auch für den Hund besonders schön, lustig oder interessant – kein Grund also, etwa eifersüchtig zu werden, sondern vielmehr ein Anlass den Neuling zu mögen und ihn im Rudel aufzunehmen. Auch im umgekehrten Sinne gilt es, frühzeitige Überlegungen anzustellen: Welche Zonen sollen zum Beispiel für das Kind tabu sein, wenn es erst mal krabbeln oder laufen kann? In die Futterzone gehört das Kind auf keinen Fall – auch wenn der Hund keinerlei Aggressionen und keinen Futterneid zeigt – so sollte er wenigstens in Ruhe fressen können. Der Futterplatz des Tieres sollte daher bereits einige Zeit vor der Geburt an einen „kindersicheren" Ort verlegt werden.
Außerdem ist mindestens eine Stelle vonnöten, an die der Hund sich zurückziehen kann, wenn er seine Ruhe will – wenn ihm das krabbelnde und schreiende Kind zu viel wird. Schlafplätze, an die der Hund nach Lust und Laune gelangen kann, ein Kleinkind aber nicht, sind allerdings rar. Sie müssen meist – je nach Entwicklungsstand des Kindes – wieder verändert und neu eingerichtet werden. Sobald das Kleinkind Verbote verstehen kann, sollte es lernen, Anordnungen wie z.B. „Lass ihn jetzt in Ruhe" zu befolgen.

Womit hat er das verdient? Unzählige Hunde warten in den Tierheimen auf ein liebevolles Zuhause.

Der Hund aus zweiter Hand

Manch ein lieber, freundlicher Hund ohne Probleme muss jahrelang sein Leben im Tierheim fristen. Seine einzige Schuld war wohl die, jemals geboren worden zu sein oder einer derzeit falschen Rasse anzugehören. Den Menschen ist kein Grund zu peinlich, ihr Tier im Tierheim abzuliefern, manch einer schiebt seinen Hund sogar ab, weil er in der Familie alt geworden ist und nun aufgrund gewisser Zipperlein nicht mehr mithalten kann und daher lästig wurde. Besonders Hartgesottene fragen das Tierheimpersonal im gleichen Atemzug, ob derzeit junge Hunde zu vermitteln sind! Andere sind zu feige und binden den Hund nachts einfach am Tierheim-Zaun fest oder deklarieren ihn als Findling. Dies erschwert die Vermittlung, da nichts über den Hund bekannt ist.

Das Vorurteil, dass alle Tierheimhunde gestört seien, hält sich leider immer noch hartnäckig. Natürlich gibt es sie: die überängstlichen, die aggressiven, die unverträglichen Hunde, die in ihrem bisherigen Leben schon viel Leid erfahren haben und sich nun dementsprechend verhalten. Es ist jedoch niemand gezwungen, den 60 kg schweren Koloss, der jeden anderen Hund angreift, oder den ängstlich um sich beißenden Hund aufzunehmen.

Jeder künftige Halter eines „Second-Hand"-Hundes sollte sich seiner eigenen Fähigkeiten in Bezug auf Hundeerziehung- und Haltung bewusst sein. Diesen Hunden ist mit einer unerfahrenen Hand, unzähligen fehlgeschlagenen Erziehungsversuchen nicht geholfen – am Ende landen sie erneut hinter Gittern.

Ein Hund aus zweiter Hand kann sich durchaus schlecht benehmen. Völlig unerzogen, nicht stubenrein, mit „Macken" behaftet, es kann ein Kläffer sein, ein Hund, der nicht allein bleibt, an der Leine zieht oder Passanten anspringt.

Na und? Ist der Welpe etwa von vornherein gehorsam, stubenrein, bleibt er alleine, wird er niemals hochspringen, jagen? Ob er der Traumhund wird, ist anfangs ebenso ungewiss und abhängig von einer fachmännischen, vernünftigen Erziehung. Und für diese ist es auch bei einem Hund aus zweiter Hand noch nicht zu spät, es ist nur manchmal etwas mühsamer. Wer sich jedoch aus einem solchen Tierheimhund nach einiger Zeit einen gehorsamen Familienhund erzogen hat, kann mit Recht stolz auf sich und das Tier sein!

Die meisten Probleme bezüglich Aggressionen gegen die Kinder der Familie tauchen übrigens nicht bei Tierheimhunden auf, sondern bei Hunden, die von klein auf in der Familie lebten. Ihnen wurde niemals die Rangordnung des Rudels deutlich gemacht und sie wurden schlichtweg nicht richtig erzogen.

Und selbst solche Hunde können in einer neuen Familie unter vernünftiger Anleitung wie ausgewechselt sein. Wer sich den Tierheimhund nach „Liebe auf den ersten Blick" auswählt, kann sich die Katastrophe seines Lebens mit nach Hause nehmen. Man sollte sich immer die Zeit nehmen, sein künftiges Familienmitglied ken-

nenzulernen und wirklich zu fühlen, ob man zueinander passt. Kein Hund ändert sich aus Dankbarkeit, und kein Hund ist aus lauter Freude, dass er nach Monaten oder sogar Jahren den Zwinger verlassen darf, lieb, nett und handlich. Mitleid ist daher der schlechteste Ratgeber. Wenn man einen Hund in die engere Wahl genommen hat, sollte man ihn öfter besuchen, mit ihm spazierengehen und sich ausgiebig mit ihm beschäftigen.
Einem Hund etwas beizubringen ist einfach. Einem Hund festgefahrene, nicht gerade positive Eigenarten abzugewöhnen beziehungsweise durch positive Verhaltensweisen zu ersetzen, ist teilweise äußerst schwierig – manchmal gar nicht mehr möglich. Hier sollte man wirklich realistisch sein.

Gut zu wissen

Bach-Blüten für Tierheim-Hunde

Diese bewährten Bach-Blüten können einem Hund aus zweiter Hand die Umstellung erleichtern.

- *Star of Betlehem*
- *Walnut*
- *Mimulus – bei Angst und Zurückhaltung*
- *Larch*
- *Vine – bei zu stark ausgeprägtem Selbstbewusstsein und noch unklarer Rangordnung*

Doch gerade der Hundeneuling ist mit einem erwachsenen, nicht allzu schwierigen Hund meist viel besser beraten als mit einem Welpen. Von einem erwachsenen Hund kann man viel lernen und man hat Zeit, die Hundesprache sowie den Umgang mit dem Tier zu erlernen. Fehler wirken sich längst nicht so verheerend aus wie bei einem Welpen. Ein Welpe aber ist ein sehr sensibles Geschöpf und besonders in sensiblen Entwicklungsphasen sehr leicht seelisch zu zerstören. Und ein Hundeteenager kann anstrengender und eine größere Herausforderung sein, als sich der Hundeanfänger in seinen kühnsten Träumen gedacht hat.
Jeder Hund aus zweiter Hand hat seine eigene Geschichte, ist ein kleines Überraschungspaket, eine Persönlichkeit, vielleicht schon gebrochen an seinem bisherigen Leben. Und doch gibt es sie, die Menschen, die ganz bewusst nur einen Hund aus dem Tierheim nehmen statt vom Züchter. Jeder hat hierzu seine eigenen Gründe – meist weil sie einfach nicht wegsehen können. Und was gibt es Schöneres, als einem Hund sein Lachen und seine Seele wiederzugeben, ihm die Schönheiten des Lebens zu zeigen, die er vielleicht noch nie kennenlernen durfte und sich selbst auf dieses Abenteuer einzulassen: Hund mit Vergangenheit.

Bach-Blüten bei Verhaltensstörungen

Aggressionen

Alleine mit Bach-Blüten kann eine Verhaltensänderung nur in den seltensten Fällen herbeigeführt werden. Das richtige Verhalten des Menschen ist die Grundvorraussetzung, um im Verhalten des Hundes etwas zu bewirken und zu verändern. Hierzu ist in erster Linie die Einsicht des Hundehalters erforderlich, der erkennen muss, dass etwas verkehrt läuft und dass er selbst etwas daran ändern muss. Häufig hört man die Aussagen: Der Hund gehorcht eben einfach nicht, er mag keine Kinder/Jogger/Radfahrer, er hasst das Autofahren oder er verträgt sich nicht mit anderen Hunden.
Dies ist meist schlicht falsch; der Hund hat einfach das korrekte Verhalten in den bestimmten Situationen entweder niemals gelernt oder sein ursprünglich normales Verhalten durch negative Erlebnisse verändert. Hier ist nun der Mensch gefordert: Die Ursachen müssen gefunden und beseitigt werden, bevor man aktiv – unter Umständen mit fachkundiger Hilfe eines Tierpsychologen – beginnt, das Verhalten des Hundes langsam und schrittweise in die richtigen Bahnen zu lenken.

Aggressionen gegen Menschen

Nicht jedes Zwicken eines Hundes darf als ernsthaftes „Beißen" deklariert werden. Beißt ein Hund ernsthaft zu, gibt es meist blutende Wunden. Weitaus häufiger jedoch zwickt der Hund leicht in die Haut des Menschen, was meist nur leichte Rötungen und Abdrücke hinterlässt. Kommt dies im Übereifer des Spieles vor, weil der Hund das Spielzeug knapp verfehlt und statt dessen den Arm erwischt, so sollte man nicht von Beißen sprechen. Schnappt der Hund jedoch zum wiederholten Male, ob mit oder ohne vorherige Ankündigung durch Knurren, nach dem Menschen, so ist höchste Alarmbereitschaft angesagt und die Ursache der beginnenden Aggressionen muss schnellstmöglich gefunden und behoben werden. Erst wenn der Hund seine Beißhemmung verloren hat und schon aus geringem Anlaß heraus seinen Aggressionen freien Lauf lässt, sollte man von einem wirklich „bissigen" Hund sprechen. Dieser kann dann auch zur ernsthaften Gefahr werden, insbesondere, wenn er sich gegenüber Kindern aggressiv verhält. Ein großer Hund wird auch für Erwachsene zur massiven Gefährdung, sobald er derartig

Zu jedem Thema empfehle ich Ihnen eine Bach-Blütenmischung, die Sie sich in der Apotheke ohne Konservierungsmittel mischen lassen können. Die Gabe erfolgt gemäß der Dosierungsanleitung auf Seite 10.

außer Kontrolle gerät. Wirklich bissige Hunde greifen ohne jede Vorwarnung an, es geht also dem Angriff kein Drohverhalten voraus.
Das weitaus häufigere Problem im Zusammenleben mit dem Hund liegt jedoch in dem harmloseren, aber unbedingt ernst zu nehmenden „Zwicken" des Hundes. Idealerweise lernt bereits der Welpe, wo seine Grenzen liegen und was seinem Menschen Schmerz bereitet. Ein im Welpenalter gut geprägter und sozialisierter Hund wird niemals seine Zähne gegen den Menschen einsetzen – sofern er artgerecht und liebevoll gehalten wird und nicht durch falsches Verhalten der Menschen in eine Verteidungungsposition gedrängt wird. Zeigt ein bisher umgänglicher und braver Hund plötzlich Aggressionen gegen den Menschen, so liegt der Fehler – wie bei den meisten Verhaltensstörungen – im Verhalten des Menschen!

Aggressionen gegen Kinder

Leider landen viele Hunde als „kinderunverträglich" im Tierheim, obwohl sich dies durch eine vernünftige Planung und vorausschauendes Handeln bereits im Vorfeld verhindern ließe. Jeder Hund kann – unter richtiger Anleitung – zum besten Freund des Kindes werden. So sollte man sich vor der Anschaffung im Klaren sein, dass ein Hund auch viel Arbeit, Zeit und Geld kostet. Weiter ist die Wahl der Rasse sowie der Charakter des Hundes von entscheidender Bedeutung. Der Familienhund sollte umgänglich, gesellig, lärmverträglich, lebhaft aber nicht übernervös sein und auch mal einen „Knuff" vertragen können. Auch wenn man nun den idealen Begleiter vom Züchter oder auch aus dem Tierheim (auch etwas ältere Hunde sowie insbesondere Mischlinge können der perfekte Kinderhund sein) ins „Familienrudel" integriert hat, können doch plötzlich schwerwiegende Probleme im Zusammenleben auftreten. Zu den häufigsten und auch – besonders bei großen Hunden – gefährlichsten Schwierigkeiten kommt es, wenn der Hund plötzlich das Kind **anknurrt oder sogar nach ihm schnappt**.
Dies geschieht häufig, wenn das Kind sich dem Futter des Hundes nähert oder sein Spielzeug anfasst. Falls diese Situation während des Fressens auftritt, muss das Kind unbedingt zunächst während des Fressens von dem Hund ferngehalten werden.
Bevor man beginnen kann, die beiden in einer solchen Situation wieder zusammenzuführen, muss man versuchen, dem Hund durch recht einfache Toleranzübungen das richtige Verhalten zu lehren. Hierzu füttert man ihn zunächst in Etappen, d.h., man gibt ihm nur eine kleine Futterportion und geht dann weg. Wenn er aufgefressen hat, kommen Sie mit der nächsten kleinen Portion wieder, bis er

sich freut, wenn Sie sich seinem Freßnapf nähern. Erst wenn dies problemlos klappt, kann man diese Übung zusammen mit dem Kind (ab dem Schulalter) trainieren. Kleinkinder sollten allerdings generell lernen, dass der Hund beim Fressen am liebsten seine Ruhe haben möchte, dadurch entsteht ein solches Problem erst gar nicht.

Falls der Hund jedoch anfängt, auch die **Rangordnung in Frage zu stellen**, liegen bereits ernstere Dominanzstörungen vor. D.h., der Hund akzeptiert es nicht mehr, an letzter Stelle im Rudel zu rangieren und will sich „hocharbeiten".

Diese Situationen können, vor allem für Kleinkinder und bei großen Hunden, zur ernsten Gefahr werden. Jetzt gilt ganz besonders: *Hunde und kleine Kinder niemals ohne Aufsicht lassen!!*

Solche Aggressionen kommen nicht von heute auf morgen, sondern beginnen schleichend, oftmals während der Pubertät des Hundes: Der Hund benimmt sich rüpelhaft gegenüber dem Kind, z.B. durch Schubsen, gibt vielleicht sein Spielzeug nicht mehr an das Kind heraus, er knurrt, wenn sich das Kind z.B. dem Ball oder Stock nähert und irgendwann schnappt er sogar zu. Spätestens jetzt heißt es eingreifen: Nun müssen sich alle einig sein und konsequent sämtliche „Unarten" bestrafen – aber nicht mit Gewalt, sondern durch Nichtbeachtung. Gleichzeitig muss der Hund bei jeder sich bietenden Gelegenheit darauf hingewiesen werden, dass er der letzte in der Rangordnung ist. Bei Dominanzproblemen sollte man unbedingt darauf achten, dass er sich nicht auf erhöhten Positionen (Sofa, Bett ..) niederlässt, solange nicht die Rangfolge wieder einwandfrei geregelt ist. Jede Art eines Machtkampfes muss sofort, konsequent, aber gewaltfrei unterdrückt werden.

Ausdrücklich muss davor gewarnt werden, den Hund nun mit 'harter Hand' zu behandeln. Der Erwachsene wird sich damit vielleicht noch durchsetzen, für die Sicherheit des Kindes kann dies jedoch böse Folgen haben: Bei passender Gelegenheit wird der Hund unter Umständen versuchen, dem Kind zu zeigen, wo es langgeht. Viel besser als ein emotionales, grobes Handeln ist in jedem Falle ein gezieltes Training mit dem Hund. Hierbei sollte das Kind unbedingt mit einbezogen werden! Besonders geeignet hierfür sind Übungen wie Sitz, Pfötchen geben, Komm usw, welche vom Kind gelehrt werden – aber nur im Beisein des Erwachsenen! Solche Dressurkunststückchen machen Kindern und Hunden gleichermaßen Spaß, die Position des Kindes wird gestärkt und der Hund lernt mehr Respekt. Absolut tabu sind jedoch jede Art von Kampfspielen, bei welchen Kind und Hund um die Beute rangeln, z.B. Tauziehen.

Da bei Rüden derartige Dominanzprobleme weitaus häufiger auftreten als bei Hündinnen, sollte man einen Rüden sofort kastrieren lassen. In den meisten Fällen gliedert er sich dann wieder problemlos in die Rudelgemeinschaft an letzter Stelle ein.

Gut zu wissen

Bach-Blüten

- *Walnut – um die veränderte Situation (Baby) besser zu verarbeiten*
- *Holly – um aggressive Gefühle einzudämmen*
- *Willow – um negative Gefühle und Verbitterung zu bekämpfen*
- *Chicory – um den Verlust der „Mittelpunktstellung" besser zu verkraften*
- *Beech – um die Toleranzbereitschaft zu fördern*

Aggressionen gegen den Besitzer

Sie liegen immer im Verhalten des Menschen gegenüber dem Hund begründet. Entweder hat der Besitzer seinen Hund gar nicht oder falsch erzogen. Zu wenig Erziehung kann ebenso fatale Auswirkungen haben wie ein harter und unter Umständen sogar brutaler Umgang mit dem Tier. Ein Hund in den falschen Händen eines vielleicht selbst aggressiv veranlagten Besitzers ist nicht therapierbar! Die einzige Hilfe für diesen Hund besteht darin, ihn in sehr erfahrene Hände abzugeben. Diese Thematik kommt häufig in Verbindung mit der Kampfhundeproblematik auf.

Weitaus häufiger sind jedoch die leichten, sich aber summierenden Erziehungsfehler: Hat der Hund seine Stellung im Rudel nicht gefunden, wird er beginnen, nach der Position des Ranghöchsten zu streben. Dies beginnt beim Anknurren, sobald sich der Mensch z.B. dem Futter oder dem Schlafplatz nähert, und kann bis zum Zubeißen gehen. Hier hilft dann nur noch ein intensives Dominanztraining: Der Hund darf sich ab sofort nicht mehr auf erhöhten Liegeplätzen wie Sofa oder Bett aufhalten. Anfangs wird er aus der Hand des Besitzers gefüttert, welcher stets die Futterschüssel kurz entfernt und dann dem Hund wieder anbietet. Der Hund bekommt sein Futter, nachdem die Familie gegessen hat. Immer muss der Halter vorangehen, er betritt die Wohnung *vor* seinem Hund, dieser darf erst auf Kommando eintreten. Beim Spazierengehen bestimmt der Mensch, welcher Weg eingeschlagen wird und jedes Gassigehen wird mit Erziehungsübungen verbunden. Sitz, Platz, Fuß, Komm, Bleib gehören zum alltäglichen Programm und sollten auch Zuhause in das tägliche Miteinander eingebunden werden. Das unbedingt notwendige Spiel wird immer von dem Besitzer eingeleitet und beendet. Auf Reiß- und Zerrspiele sollte man anfangs verzichten. Sehr vorteilhaft für die Rangklärung sind dagegen Apportierspiele, wobei der Hund seine „Beute“ stets wieder abgeben muss. Jedes Kommando muss durchgesetzt werden. Einem aufmerksamkeitsheischenden Verhalten darf keine Beachtung geschenkt werden und auf direkte Kontaktaufforderungen geht der Mensch nicht ein. Das Wichtigste beim gesamten Training ist die Belohnung und das Lob sowie die Selbstsicherheit und Konsequenz des Halters! Sobald der Hund im täglichen Umgang wieder kompromissbereiter ist und keine Aggressionen mehr zeigt, können nach und nach bestimmte Verbote (z.B. auf dem Sofa liegen) wieder gelockert werden. Der regelmäßige Besuch einer guten Hundeschule kann bei dieser Umerziehung sehr hilfreich sein.

Gut zu wissen

Bach-Blüten

- *Holly – gegen Wut und Aggression*
- *Impatiens – gegen Ungeduld und daraus resultierende Aggression*
- *Vine – gegen übermäßiges Dominanzstreben*

Aggressionen gegen Fremde

Hunde können aggressiv gegen Menschen reagieren, die von ihnen vertrauten Menschen in Erscheinung oder Gebaren abweichen. Hierzu gehören: Uniformierte Personen, Betrunkene, Vagabunden oder auch behinderte Menschen. Oft genug zeigt sich auch hier wieder, dass der Hund der Spiegel seines Besitzers ist. Ist der Mensch gegenüber einem anderen mißtrauisch, ängstlich oder auch nur unsicher, so fühlt der Hund dies und

Ist das Verhältnis Besitzer/Hund jedoch derart nachhaltig gestört, dass sich keine Besserung erzielen lässt, so muss bei ernsthaften Aggressionen leider doch eine Abgabe des Hundes in erfahrenere Hände erwogen werden.

Der Postbote wird vom Hund als Eindringling wahrgenommen.

reagiert in der ihm eigenen Art und Weise ebenfalls verunsichert, nervös oder gar aggressiv. Seltener sind vorausgegangene unangenehme Erfahrungen mit diesen Menschen. Es ist wirklich die reine Aufregung, welche die Ausbrüche verursacht. Auch hier kann natürlich eine Umkonditionierung, d.h. Gewöhnung, Abhilfe schaffen. Besteht häufiger Kontakt zu behinderten Menschen, so sollte der Hund diesbezüglich konditioniert werden. Durch langsame und vorsichtige Begegnungen mit Lob und Belohnung bei „anständigem“ Verhalten lernt der Hund, dass von diesen Menschen keine Gefahr ausgeht. Und wenn sein Mensch wie selbstverständlich mit ihnen umgeht, wird der Hund dies bald ebenso tun. Wichtig ist auch hier, dass der Hund den Besitzer uneingeschränkt als Rudelführer akzeptiert. Gibt dieser souverän und konsequent an, was zu tun und was zu lassen ist, so wird der korrekt erzogene Hund dies akzeptieren.

Ein anderes Kapitel stellt der Postbote dar. Dieser dringt tagtäglich in das Heimatrevier des Hundes ein und das, ohne die hundeüblichen Regeln zu beachten. Unter Hunden gilt es als reine Provokation, das Revier eines Artgenossen ohne entsprechende „Vorbereitungen“ und Demutsbekundungen zu betreten – wenn überhaupt. Der Briefträger jedoch hastet in Eile zum Briefkasten, macht sich daran zu schaffen und eilt wieder davon – vorausgesetzt, der Hund ist nicht schneller. Leider geschehen auch immer wieder Beißunfälle. Da die wenigsten Briefträger bereit oder aus zeitlichen Gründen in der Lage sind, sich mit jedem Hund ihres Bezirkes ausgiebig anzufreunden, sollte hier die Vermeidungstaktik zur Anwendung kommen. Der Briefkasten gehört außen an den Zaun bzw. sollte für den Beamten zugänglich sein, ohne eine Hundeattacke befürchten zu müssen. Viele Hunde lassen sich auf einfache Weise an das Kommen und Gehen des Postboten gewöhnen, indem man gemeinsam im Hof auf diesen wartet, den angeleinten Hund während des „Vorganges“ nicht beachtet und ihn danach für anständiges Verhalten kurz lobt. Je häufiger – im Idealfall einige Wochen lang täglich – der Hund merkt, dass hier eigentlich gar nichts Aufregendes geschieht, desto gelassener wird er bleiben. Der Abstand zu dem „Eindringling“ wird langsam verkürzt. Und tatsächlich ist doch der eine oder andere Briefträger ein wirklicher Hundefreund – manch einer hat sogar Leckerlis einstecken oder trägt eine Hose, an der der Geruch des eigenen Hundes haftet – um sich „einzuschmeicheln“. Diese Personen werden dann meist heiß geliebt und freudig begrüßt – bis eines Tages die Aushilfe kommt, welcher der Hund die Angst schon von weitem anmerkt.

Gut zu wissen

Bach-Blüten

- *Holly – gegen Aggressionen*
- *Beech – für mehr Toleranz gegenüber Fremden*
- *Vine – gegen übertriebenes Territorialverhalten*

Territorialaggressionen

Die Verteidigung des eigenen Reviers war einer der Gründe, weshalb der Mensch den Hund domestizierte: Er sollte sein Hab und Gut bewachen und seine Menschen beschützen. Und genau dies wird heute dem Hund häufig zum Vorwurf gemacht, dabei gilt auch heute noch der Hund im Haus als bester Schutz gegen ungebetene Eindringlinge. Für den Hund ist sein Territorium in erster Linie das ständige Zuhause und dessen nähere Umgebung. Viele Hunde gehen bis zum Gartenzaun, hinter dem sie wütend und selbstsicher alles angiften, was sich nähert. Wäre der Zaun plötzlich verschwunden, so wäre bei vielen der ganze Mut schlagartig verpufft. Nähert sich dann allerdings ein Fremder trotzdem dem Haus, so kann es durchaus sein, dass er attackiert wird. Viele Hunde betrachten auch das Familienauto als ihr Territorium und verteidigen dies wütend.
Heutzutage wird es meist gerne gesehen, wenn das Haus jedermann zugänglich ist und der Vierbeiner auch nicht durch Bellen belästigt. Treten hierbei Uneinigkeiten zwischen Hund und Herrn auf, so sollte man auch die Rasse des Hundes nicht unberücksichtigt lassen. Während z.B. Labradore und Golden Retriever auch Fremde meist schnell in ihr Herz

Typische Territorialaggression am Gartenzaun

schließen und sich über Besuche freuen, sind dagegen Spitze eher mißtrauisch und gute Wachhunde, die eher bellen als beißen. Bei den kleineren Rassen sind es häufig Terrier, die eine reine Bellwut an den Tag legen und nicht selten auch zuschnappen können. Als besonders gute Wächter gelten die anerkannten Schutzhund- bzw. Gebrauchshunderassen Schäferhund, Rottweiler, Boxer, Bouvier, Hovawart, Dobermann, Riesenschnauzer und Airdale Terrier. Ein Problem für sich stellen die Hirtenhunderassen dar, welche genetisch bedingt sehr wachsam (Herdenbewachung) und eigenständig sind. Durch die ihnen anerzogene selbständige Arbeitweise verteidigen diese Rassen ihre „Herde" ernsthaft und gelten daher manchmal als unberechenbar. Zu den Hirtenhunden zählen u.a. Kuvasz, Kangal, Sarplaniac. Sie sind jedoch den eigenen Familienmitgliedern treu ergeben. Es gab schon Fälle, in denen Freunde der Kinder das Grundstück betraten und verletzt wurden, wobei der Hund lediglich seinem ererbten Instinkt folgte und „seine" Kinder und sein Revier beschützte. Die Anschaffung einer derartigen Rasse sollte – insbesondere wenn Kinder im Haus leben – genauestens überdacht werden!
Aber auch ein kleiner Mischling kann einen Besucher in Angst und Schrecken versetzen und das Verteidigungsverhalten des Hundes sollte unbedingt in erträglichem Maß gehalten werden. Territoriale Aggression ist ein übliches Verhalten des Rudelführers – und dieser sollte ja der Mensch sein. Ein Melden des Klingelzeichens sollte dem Hund durchaus gestattet sein, die Attacke gegen Besucher jedoch muss strikt unterbunden werden. In den meisten Fällen steigert sich das aggressive Verhalten gegen Besucher langsam und von den Besitzern anfangs fast unbemerkt. Einhergehend mit dieser Entwicklung zeigt der Hund ein ständig zunehmendes Dominanzgebaren – auch in anderen Alltagssituationen. Hier ist wieder einmal das bereits mehrfach angesprochene Dominanztraining nötig, nach dessen erfolgreicher Durchführung der Hund zwar wachsam, aber abrufbar ist: So werden die Weichen gestellt, dass der Mensch die Vormachtsstellung hat. Der Hund darf sich keinesfalls an Frauchen vorbei durch die Tür drängen, um den Besucher zu stellen. Er lernt, *nach* Frauchen durch die Türe zu gehen und muss Platz machen, bis der Besucher eingetreten ist. Kurzes Bellen ist gestattet.
Das weitere Training besteht darin, den Hund auf freundlicheres Verhalten gegenüber Besuchern umzukonditionieren: Für die Dauer von einigen Tagen – notfalls auch Wochen – wird der Hund von allen Familienmitgliedern bewusst ignoriert. Er findet nur Beachtung zu den nötigen Spaziergän-

gen – auch diese dürfen jetzt einmal für den Hund langweilig gestaltet werden – und zu den „Trainingszeiten“. Zu diesen Übungen benötigen Sie eine Reihe von nervenstarken Versuchspersonen (Nachbarn, Freunde, Postbote ect.), welche zu vorher abgestimmten Zeiten klingeln. Üben Sie nur unter kontrollierten Bedingungen – der Hund darf nicht in sein ursprüngliches Verhalten zurückfallen. Bei unerwartetem Besuch muss der Hund sicher verwahrt sein, um nicht alle bisherigen Erziehungserfolge zunichte zu machen. Der Hund lernt nun, dass Besuch Aufmerksamkeit für ihn selbst bedeutet. Nur während Besuch da ist, kümmert man sich um das Tier. Der Besuch begrüßt ihn mit Leckerlis und Streicheleinheiten. Sobald der Besuch gegangen ist, wird der Hund wieder so gut wie möglich ignoriert. Bereits nach kurzer Zeit verbindet der Hund: Besuch = Aufmerksamkeit und wird Besucher freudig begrüßen.

Während des Trainings wird jedes Ausbleiben eines Drohverhaltens gegenüber dem Besuch mit Futter und Lob oder Spiel belohnt. Wichtig ist, dass alle Beteiligten genauestens informiert sind und im Vorfeld mit Leckerlis oder Spielzeug ausgestattet werden (Leckerlidose am Hoftor). Reagiert ein Hund bereits auf die Annäherung an das Hoftor aggressiv, so beginnt das Training quasi auf der Straße. Die Versuchsperson nähert sich langsam bis zur Aggressionsschwelle des Hundes. Sobald er unruhig wird, stoppt die Person und entfernt sich wieder. Diese Entfernung wird nun täglich etwas verringert, bis der Besucher die Haustür erreichen und klingeln kann. Bei den ersten Klingelversuchen muss der Hund an seinem Platz bleiben, während der Besitzer die Tür kurz öffnet und wieder schließt. Das Ziel sollte sein, dass der Hund nach 2–3 Wochen das Eintreten eines Besuchers akzeptiert ohne zu drohen. Sobald der Hund Anzeichen einer Aggression zeigt, ist man zu schnell vorgegangen und muss die Entfernung zwischen Hund und Besucher wieder erhöhen, um sie dann langsam wieder zu verringern.

Gut zu wissen

Bach-Blüten

- *Holly – gegen Aggressionen*
- *Beech – zur Erhöhung der Toleranzschwelle*
- *Cerato – bei übermäßigem Territorialverhalten aufgrund mangelnden Selbstvertrauens*
- *Cherry Plum – unterdrückt unbeherrschtes Verhalten*
- *Red Chestnut – gegen übertriebene Beschützerinstinkte*
- *Vine – gegen übermäßiges Dominanzstreben und zu autoritäres Verhalten*

Aggressives Verhalten aus Angst

In den seltensten Fällen ist dem Hund die Angst angeboren. Meist sind negative Erfahrungen die Ursache. Der Hund erlebt eine Situation, die mit Schmerzen oder Schreck verbunden ist, und entwickelt daraus Angst vor dieser Situation. Sobald sich eine ähnliche Situation ankündigt, zeigt er Furcht, verkriecht sich, knurrt oder schnappt sogar zu, wenn er keinen Ausweg sieht. Zum Entsetzen seiner Besitzer und des „Opfers".

Die Angst kann auch in der „Kinderstube" begründet sein. Welpen ahmen ihre Mutter nach. Ist diese ängstlich, scheu und verkriecht sich bei jeder Gelegenheit, übt sie einen negativen Einfluß auf ihre Jungen aus, die das Mutterverhalten als normal ansehen. Solche Welpen sollten möglichst früh von einer extrem ängstlichen Mutter getrennt werden, ehe sich dieses Angstverhalten gefestigt hat.

Einem ängstlichen Hund kann mit Bach-Blüten und einer liebevollen Behandlung geholfen werden.

Angst beim Welpen

Bei dem jungen Hund entwickelt sich Angst erst ab der 7. Lebenswoche und ist eine in diesem zarten Alter völlig natürliche Schutzfunktion. Sie kann ihn vor Gefahren schützen und in kritischen Situationen sogar sein Leben retten. Angst ist in dieser Phase erwünscht und sollte nur dann als Problem gesehen werden, wenn der Welpe übertrieben scheu ist und seine Furcht die in diesen Wochen ebenfalls natürliche Neugierde überwiegt.

Angst beim älteren Hund

Wenn negative Erfahrungen die Ursache sind, lässt sich Angstverhalten auch beim älteren Hund noch zurückdrängen. Allerdings dauert das seine Zeit. Je tiefer die Angst verwurzelt ist, desto mehr Geduld und Arbeit sind nötig. Zuerst müssen die Situationen, in denen die Angst auftritt, erkannt werden, der Hund ausgiebig beobachtet und seine Reaktionen eingeschätzt werden. Anschließend werden ähnliche Situationen immer wieder provoziert – der Hund muss jedoch die

Möglichkeit haben, sich die ganze Sache in Ruhe und aus der Entfernung anzusehen, er darf keinesfalls überfordert werden, da dies seine Angst noch steigern würde.
Der Abstand zum angstauslösenden Objekt (z.B. bei der häufigen Angst vor Pferden, LKW's, Personen mit Regenschirm ect ....) wird langsam verringert. Der Hund darf jedoch keine Fluchtmöglichkeit haben, sondern muss langsam lernen, dass ihm in der Nähe seines Besitzers nichts passiert. Je häufiger er nun derart positive Erfahrungen macht, desto selbstsicherer wird er werden und in ähnlichen Situationen von Mal zu Mal gelassener reagieren.

Kann ein Zweithund helfen?
Wenn der Zweithund ein ausgeprägtes Selbstbewusstsein, eine hohe Toleranzschwelle gegenüber Artgenossen hat und gut erzogen ist, kann er eine große Hilfe darstellen. Er kann dazu beitragen, beim Angsthasen die Furcht zu mindern und ihm Selbstsicherheit zu geben. Der Angsthase hat so die Möglichkeit, sich in kritischen Situationen an seinem Partner zu orientieren.
Falls aber der Zweithund im Laufe der Zeit Eifersucht zeigt und sich tyrannisch verhält, erreicht man genau das Gegenteil. Die Wahl des zweiten Hundes sollte also mit Ruhe und Bedacht erfolgen.

Hilfe auf dem Hundeplatz
Wenn der ängstliche Hund den Umgang mit Artgenossen nicht gewohnt ist, kann Spiele auf dem Hundeplatz das Selbstbewusstsein fördern. Er sollte jedoch unbedingt großes Vertrauen zu seinem Menschen haben und man muss ihm genügend Zeit lassen, mit den anderen Hunden in Kontakt zu treten. Verständnisvolle Ausbilder sind wichtig, da nicht jeder ein Gefühl für „Feiglinge" hat.
Hat der Hund eindeutig Angst vor anderen Hunden, beruht dies meist auf negativer Erfahrung. Er sollte über längere Zeit nur positive Spielerlebnisse haben, berüchtigte „Raufer" sollten gemieden werden. Wenn er wirklich einmal gebissen wird, sollte er sofort danach wieder mit lieben Hunden spielen dürfen und keinesfalls aus Angst vor weiteren Vorfällen von seinem Halter isoliert oder ausschließlich an der Leine gehalten werden.

Angstbeißer umerziehen
Ja, aber nur mit viel Konsequenz und Geduld und ohne jegliche Strafen. Ein Angstbeißer schnappt nicht aus Aggressivität oder Beschützerinstinkt, sondern will mit dem Biss einem erwarteten Schmerz oder Schock – oder beidem – zuvorkommen. Der Hundehalter muss als Vorbild wirken, durch sein Verhalten beweisen, dass die Angst des Hundes unbegründet ist und ihm Sicherheit vermitteln.

Bei Angstbeißern, welche ohne vorherige Drohung zuschnappen, unterstützt man die Therapie mit dem homöopathischen Mittel Belladonna D 30, anschließend Calcium carbonicum D 200. Beißt der Hund nach vorheriger Drohung zu, so gibt man Hyoscyamus D 30.

Wenn der Hund in Panik gerät

In Paniksituationen ist es wichtig, dass der Mensch, an dem sich der Hund orientiert, absolut ruhig und gelassen bleibt und keinerlei Nervosität zeigt. Je näher Mensch und Hund sich stehen, desto mehr wird diese Ruhe sich übertragen. Übermäßige, tröstende und beruhigende Ansprache ist ebenso unangebracht wie ein zu forsches Vorgehen. Der Hund soll lernen, seinem Herrn ruhig und gelassen zu folgen und die eigene Angst zu überwinden.

Wie kann der Hund schlechte Erfahrungen vergessen?

Alle negativen Erfahrungen müssen möglichst unmittelbar danach durch das Gegenteil kompensiert werden. Ein Hund, der versehentlich einen Schubs oder Tritt bekam, muss sofort spüren, dass das eine Ausnahme war und dass in der gleichen Situation normalerweise nichts passiert.

Angstbeißer bestrafen?

Das darf man auf gar keinen Fall tun! Strafe würde alle Anstrengungen zunichte machen. Bei einem furchtsamen Hund darf Strafe während der gesamten Erziehung nicht angewandt werden. Sie würde alles noch verschlimmern. Er würde nicht verstehen, weshalb er zusätzlich zu seiner Angst auch noch von seinem Herrchen oder Frauchen, denen er vertraut, bestraft wird. Geduld, Zuwendung, Konsequenz von einem Menschen, den der Hund voll akzeptiert, sind wichtiger. Er kann ihm vermitteln, dass seine Angst unbegründet ist und sein Selbstbewusstsein langsam aber sicher fördern. Einem ängstlichen Hund kann die Leine Schutz und Sicherheit signalisieren. Man sollte ihn daher in kritischen Situationen auch nicht alleine lassen, nach dem oft propagierten Motto: Die Hunde einigen sich schon untereinander.

Gut zu wissen

Bach-Blüten

- *Aspen – gegen unklare Ängste und Schreckhaftigkeit*
- *Beech – zur Toleranzsteigerung und Aggressivitätssenkung*
- *Cherry Plum – gegen unbeherrschtes Verhalten und innere Spannungen (beim Angstbeißer)*
- *Gentian – gegen die Angst vor Neuem und gegen Skepsis*
- *Holly – gegen Aggressionen (beim Angstbeißer)*
- *Star of Betlehem – zur Verarbeitung einer früheren Schocksituation, eines traumatischen Erlebnisses*

Aggressionen unter Artgenossen

Vom Raufbold zum Gentleman

Auch bei diesen Problemen liegen die Ursachen häufig im mangelnden Kontakt zu Artgenossen während der

wichtigen Prägephase und in der Zeit des Teenageralters.
Dass Hunde beim ersten Zusammentreffen ihre Kräfte messen und dabei oftmals nicht gerade zimperlich miteinander umgehen, ist völlig normal. Wenn sich aber einer der beiden dabei nicht an die hundeüblichen „Spielregeln" hält und böse zubeißt, wird aus der kleinen harmlosen Reiberei und Rangelei leicht eine blutige und ernste Schlacht. Und wenn ein Hund sich wütend auf jeden anderen, der in seine Nähe kommt, stürzt, wird er zum Problemhund für den Besitzer. Der „gute Ruf" von Hund und Halter ist schnell dahin. Hat er vielleicht schon mehrfach ernsthaft zugebissen und dabei unter Umständen sogar einen deutlich kleineren und unterlegenen Hund verletzt, drohen sogar Anzeigen und ggf. Leinen– und Maulkorbzwang. Auch versicherungstechnisch wird es über kurz oder lang Probleme geben, wenn die Tierhalterhaftpflicht (die selbstverständlich für jeden Hund abgeschlossen werden sollte) die Begleichung weiterer Tierarztrechnungen ablehnt.
Nach anfänglichen, meist noch harmlosen Reibereien verschärfen die Situationen sich meist von mal zu mal. Die Gründe hierfür sind:
Herrchen oder Frauchen verändern ihr Verhalten, da sie die nächste Konfrontation schon ängstlich erwarten, sobald in der Ferne ein Hund auftaucht. Die innere Spannung des Hundehalters überträgt sich unvermeidlich auf den Vierbeiner und erzeugt eine hochexplosive Spannung beim ohnehin aggressiven Hund. Wenn der Rauflust ein Ende gesetzt werden soll, müssen sich beide ändern: Mensch und Hund. Ein konsequentes Training in Form eines Sieben-Punkte-Programmes hat sich hierbei sehr bewährt:

1. Wählen Sie einen Ort und eine Zeit aus, wo Sie garantiert keinem anderen Hund begegnen. Günstig ist es, wenn der Hund die Gegend nicht kennt, da ihn das verunsichert. Nehmen Sie sich dafür viel Zeit!
2. Nach einer anfänglichen Freilaufphase gehen Sie mit dem Hund an der kurzen Leine. Wechseln Sie ständig Tempo und Richtung und bestehen Sie auf Gehorsam Ihres Hundes und darauf, dass er sich Ihnen anpasst. Ist er gehorsam, wird er durch Freilauf und Spiel belohnt. Weigert und widersetzt er sich, so muss er gegebenenfalls auch durch einen etwas schärferen Leinenruck zum Gehorsam „überredet" werden. Diese Unterordnungsübungen sind enorm wichtig, um die Rangordnung zwischen Ihnen und dem Hund – für spätere Krisensituationen – zu festigen.
3. Während der Freilaufzeit, die vor und nach jeder Leinenübung gewährleistet sein muss, sollte das Tier ununterbrochen beschäftigt werden. Apportierspiele, „Komm", „Sitz" und

„Platz und Bleib"-Übungen fordern den Hund laufend und zwingen ihn, sich auf den Halter zu konzentrieren. Das Lob nach jeder gelungenen Übung darf keinesfalls vergessen werden!

4. Wählen Sie ein Lieblingsspiel Ihres Hundes (z.B. Wettrennen) und fügen Sie es während der Spaziergänge ein. Loben Sie ihn, als hätte er etwas Phantastisches vollbracht, und belohnen Sie zusätzlich mit einen kleinen Leckerbissen. Wichtig: Leckerbissen und dieses besondere Lob gibt es ausschließlich bei diesem Spiel, das grundsätzlich mit einem Kommando wie z.B. „Pass auf!" eingeleitet wird.

5. Jetzt proben Sie den „Ernstfall" und verabreden sich mit einem bekannten und eingeweihten Hundebesitzer mit Hund: Machen Sie dieselben Übungen an der Leine wie immer und passieren Sie den „Gegner" in einiger Entfernung. Klappt dies, lassen sie Ihren „braven" Hund frei und spielen mit ihm das Lieblingsspiel. Verhält er sich – noch an der Leine – aggressiv, muss der Ruck am Halsband folgen und sie bestehen unbedingt auf gehorsamem „Bei Fuß gehen". Nun drehen sie und der „Feind" um und üben erneut die Begegnung. Solange, bis es klappt. Wichtig: Keinesfalls ohne Erfolg abbrechen!!

6. Sobald Sie sicher sein können, dass Ihr Raufbold andere Hunde anstandslos passieren lässt, machen Sie die Probe ohne Leine. Beide Hunde sollten hierbei frei laufen. Unmittelbar vor der Begegnung lenken Sie die Aufmerksamkeit Ihres Hundes auf sich („Pass auf!") und starten sein Lieblingsspiel. Nun zeigt es sich, wie konsequent Sie bisher gehandelt haben. Wenn Sie alles richtig gemacht haben, wird Ihr Hund jetzt seine Rauflust zugunsten des freudigen Spieles „vergessen". Bei Erfolg bejubeln Sie ihn ruhig übertrieben und verdoppeln Sie die Belohnung. Wenn es nicht klappt, heißt es für alle Beteiligten: Zurück zu Punkt 5.

7. Die Probe aufs Exempel ist der erste Spaziergang in der heimischen Umgebung. Sie müssen die Ruhe selbst sein, dürfen den Hund keinerlei Aufregung spüren lassen und sollten versuchen, sich Ihres friedlichen Freundes sicher zu sein. Macht er Anstalten sich wie früher ins Getümmel zu stürzen, so greifen Sie erneut zum Mittel der Ablenkung („Pass auf!") in möglichst ruhigem, energischen Ton. Jede hysterische Reaktion muss unbedingt vermieden werden. Denn Ihr Hund, und das sollte man als Hundehalter niemals vergessen, spürt jede Unsicherheit, jeden falschen Ton sofort – und reagiert darauf nach Hundeart!

Eine unterstützende Bach-Blütentherapie zum Aggressionsabbau und zur Toleranzsteigerung sollte zusätzlich angewandt werden.

- Das ältere Tier muss größenmäßig und vom Temperament her jederzeit in der Lage sein, die Führungsrolle auszuüben.
- Der Mensch muss diese „Mutter-Rolle" respektieren und fördern, indem die Ältere z.B. als erstes gefüttert wird, vor der Jüngeren begrüßt wird, ihr angestammter Lieblingsplatz ausschließlich ihr zusteht, etc.
- Die jüngere Hündin darf *niemals*, auch nicht versehentlich durch Besitzer oder Kinder, zu Aufmüpfigkeiten gegen die ältere ermuntert werden. Die jüngere muss täglich wieder an ihren Rangordnungsplatz verwiesen werden und jegliche Art von Respektlosigkeit muss sofort unterbunden werden. Hierzu gehören insbesondere Versuche, sich beim Fressen vorzudrängeln.

Tägliche Unterordnungsübungen mit beiden Hündinnen sollten zum Pflichtprogramm gehören: Sitz, Platz usw. Diese sollten konsequent aber ruhig und von oben herab wie selbstverständlich durchgeführt werden. Bei einer derartigen Konstellation ohne viel Lob und ohne Aufregung, um keine angespannte, hektische Atmosphäre zu schaffen.

Wenn es im Rudel „brodelt"

Auch in einer stabilen Rangordnung wird es immer wieder angespannte Situationen geben. Als Besitzer muss man sich im Klaren sein, dass bei zwei Hündinnen bei falschem Verhalten des „Rudelführers Mensch" schon kleinste Unstimmigkeiten zu großen Schwierigkeiten führen können. Bei den geringsten Anzeichen beginnenden Ärgers verzichtet man auf jegliche Art von Zuwendung, Streicheleinheiten und Spiel, um die Situation nicht noch zu verschärfen.

Ein sehr sinnvolles Hilfsmittel ist die Wasserpistole. Ein gezielter Schuss ins Gesicht lenkt jeden Hund erst mal von dem anderen ab und eine Einwirkung durch den Besitzer wird wieder möglich.

Läufigkeiten sind die kritischsten Phasen überhaupt im Zusammeleben mehrerer Hündinnen. Sofern es sich nicht um Zuchttiere handelt, sollte in jedem Falle die jüngere kastriert werden. Idealerweise und für ein entspanntes Miteinander empfiehlt sich die Kastration aller Hunde. In der Natur ist übrigens stets nur ein Alttier berechtigt, läufig zu werden und Nachwuchs zu zeugen. Konkurrentinnen werden erbarmungslos bekämpft.

Man darf niemals der Junghündin Aufmüpfigkeiten durchgehen lassen. Die Althündin wird nicht nachgeben. Nie. Sie wird sich bis zum notfalls bitteren Ende wehren und kämpfen. Aus Krieg und Kampf jedoch kann keine stabile Ordnung entstehen. Hieraus resultiert stets Feindschaft und Chaos – genau wie bei den Menschen.

Im Vorfeld der Anschaffung sollte daher genauestens überlegt werden, welche Zusammensetzung sinnvoll ist. Idealerweise sollte es ein kastriertes Pärchen sein, alternativ zwei Rüden, ungünstiger sind zwei Hündinnen (wenn, dann möglichst Mutter und Tochter). Auf gar keinen Fall sollte man in etwa gleichaltrige, unkastrierte Hündinnen zusammenführen.

Nur erfahrene Hundehalter sollten sich überhaupt an die Konstellation zweier Hündinnen heranwagen und sich über die ständigen Anforderungen als „Rudelchef" im Klaren sein. Bei ernsten Problemen sollte man sich an einen Tiertherapeuten/Tierpsychologen wenden, bevor man gezwungen ist, eines der Tiere abzugeben.

Gut zu wissen

Bach-Blüten

Für die ranghöhere Hündin:

- *Larch – zur zusätzlichen Steigerung des Selbstbewusstseins*
- *Holly – zur Steigerung der Toleranzschwelle*
- *Beech – gegen Aggressionen*

Für die rangniedrigere Hündin:

- *Water Violet – zur Unterstützung der Demutshaltung*
- *Vine – gegen überschäumende Dominanz*
- *Willow – gegen Neid und Missgunstgefühle*
- *Vervain – gegen innere Spannungen*
- *Impatiens – gegen Ungeduld und Nervosität*

Hund und Katze

Vorausgesetzt, dass beide noch keine unangenehmen Erfahrungen mit der anderen Gattung erlebt haben, ist die Zusammenführung meist unproblematisch. Wichtig ist, dass sich der Halter vorab überlegt, wie er beide möglichst stressfrei aneinander gewöhnen kann. Haben die Tiere – evtl. durch unüberlegtes Handeln des Besitzers – erst einmal eine Aversion gegen das andere Tier aufgebaut, wird es sehr viel komplizierter.

Eine Katze kommt zum Hund

Diese Konstellation verläuft bei der richtigen Eingewöhnung meist recht problemlos, da Hunde Rudeltiere sind. Vorab sollte man jedoch bedenken, dass die Charaktere beider sich ergänzen sollten. Ein älterer Hund wird von einer sehr aktiven jungen Katze nicht begeistert sein, wenn er sich von ihr allzusehr gestört fühlt. Zu einem lebhaften, aktiven Hund passt keine scheue, ängstliche Katze. Die Auswahl der entsprechenden Katze sollte daher nicht impulsiv, sondern nach entsprechender Überlegung erfolgen.

Idealerweise sollte man dem Hund den Geruch der Katze vorab mittels eines Lappens oder Kleidungsstückes (die Katze damit abreiben!) vertraut

Auch Hund und Katze können Freunde werden.

machen. Auch die Katze kann man derart auf ihren neuen „Partner“ vorbereiten.

Die Katze bekommt einen separaten Raum mit Katzenklo, Wasser, Futter- und Schlafplatz zugewiesen, wo sie anfangs isoliert wird. *Langsam* erfolgt die Gewöhnung aneinander. Sicherheitshalber sollte sich bei dem ersten Kontakt die Katze in einer Transportbox und der Hund an der Leine befinden. Eine zweite Person kann hierbei sehr hilfreich sein.

Bei aufkommenden Aggressionen werden beide wieder eine Weile getrennt und man beginnt von Neuem.

Das Wichtigste ist nun die Ruhe des Menschen, da Nervosität und Hektik sich unweigerlich auf die Tiere übertra-

gen. Nach einigen Minuten des ersten Kontaktes kommt die Katze zurück in ihr Zimmer und mit dem Hund geht man zur Belohnung spazieren und spielt mit ihm. Nach einigen Tagen lässt man den Hund in das Katzenzimmer, während sich die Katze im Rest der Wohnung frei bewegen darf. So kann jeder sich geruchlich mit dem anderen vertraut machen. Bei den ersten direkten Kontakten sollte der Hund angeleint sein um eventuelle Probleme unter Kontrolle zu halten. Verhält er sich positiv und ruhig, so wird er ausgiebig gelobt. Später wird die Zimmertür geöffnet und mit einem Gitter gesichert, damit die Katze noch einen sicheren Zufluchtsort hat.
Eine bereitgehaltene Wasserpistole kann bei einem möglichen Konflikt gute Dienste erweisen. Die beiden Tiere dürfen vorerst nur Kontakt zueinander haben, wenn sie beaufsichtigt werden. Erst wenn sie sich gegenseitig völlig akzeptiert haben, dürfen sich beide auch bei Abwesenheit des Besitzers frei im Haus bewegen. Besonders der Hund benötigt zusätzliche Zuwendung, um Eifersucht zu vermeiden. Für die Katze sollte ein erhöhter Platz eingerichtet werden, wo sie sich in „Krisensituationen" in Sicherheit bringen kann.

Ein Hund kommt zur Katze

Da Katzen potentielle Einzelgänger sind, kann diese Zusammenführung etwas schwieriger werden. Vor allem das ungewohnte laute Bellen kann Mieze sehr erschrecken. Die Gewöhnung an dieses unbekannte Geräusch kann schon im Vorfeld mit Hilfe einer Geräusche-CD erfolgen oder aber man besorgt sich Hundegebell auf Kassette – z.B. auf einem Hundeplatz oder von befreundeten Hundehaltern. Diese Geräusche werden der Katze zuerst leise mit allmählich steigender Lautstärke vorgespielt. Der Futterplatz der Katze sollte an erhöhter Stelle plaziert werden, damit sie dort nicht gestört wird. Auch hieran sollte man sie schon im Vorfeld gewöhnen. Die Katzentoilette sollte für den Hund nicht zugänglich sein. Leider fressen viele Hunde gerne Katzenkot und außerdem könnte die Katze mit Unsauberkeit reagieren, wenn sie an ihrem „stillen Örtchen" nicht ihre Ruhe hat.
Für den Fall, dass man den Hund isolieren muss, sollte ein Gitter bereitstehen, das in den Türrahmen eingesetzt werden kann. Bei der Ankunft des Hundes muss dieser an der Leine gehalten werden und sollte möglichst von einer dritten Person gebracht werden. Ebenso wie bei der Einführung der Katze bekommt in diesem Falle der Hund ein separates Zimmer für die ersten Tage zugewiesen. Die weitere Gewöhnung erfolgt in gleicher Weise.
Besonders wichtig ist es, den normalen Tagesablauf beizubehalten und das

„ältere“ Tier nicht zu vernachlässigen! Die üblichen Streicheleinheiten, Spiel- und Fütterzeiten sollten unverändert bleiben, um dem alteingesessenen Tier (egal ob dies der Hund oder die Katze ist) ein gewisses Maß an Normalität zu erhalten bis es sich an den Neuling gewöhnt hat.

Gut zu wissen

Bach-Blüten

Für das „erste“ Tier:

- *Walnut – um die veränderte Lebenssituation zu akzeptieren*
- *Vine – um Tyrannei und Aggressionen zu verhindern*
- *Holly – zur Steigerung der Toleranz*
- *Star of Betlehem – um den „Schock“ des Neuzugangs zu verarbeiten*

Für das hinzugekommene Tier:

- *Walnut – um die veränderte Lebenssituation zu akzeptieren*
- *Star of Betlehem – um den „Schock“ des Heimatwechsels zu verarbeiten*
- *Rock Rose – gegen aufkommende Panik*
- *Aspen – gegen unbestimmte Ängste*

Verhaltensstörungen durch Ängste

Ein Hund zeigt seine Angst durch angelegte Ohren, eine geduckte Körperhaltung, eingezogener Rute wildes Bellen, Hektik, Bewegungsstereotypen oder Beißen.

Angst entsteht entweder durch ein entsprechendes Erlebnis oder aufgrund einer ungewohnten Situation. Bei letzterem ist der Hund unsicher – häufig dadurch, dass er sich in dieser Situation alleingelassen fühlt und niemand da ist, der ihm das richtige Verhalten auf hundliche Art erklärt, kein Führer, der ihm zeigt, dass diese Situation ungefährlich ist.

Viele Dinge können Angstgefühle auslösen: Ein Gegenstand, eine Person, ein ungewohntes Geräusch, ein Vorkommnis. Beim nächsten Kontakt mit dieser angstauslösenden Situation wird der Hund erneut erschrecken und Angst zeigen, da er bei dem ersten Erlebnis „gelernt“ hat, dass dieser Moment für ihn bedrohlich ist.

Um Ängste zu bekämpfen, muss der Auslöser herausgefunden werden. Das unerwünschte Verhalten sollte gelöscht und durch gewünschtes Verhalten ersetzt werden. Der Hund muss durch einen – auf das jeweilige Angstproblem – aufgestellten Trainingsplan aus seiner Stresssituation befreit werden.

Hierbei ist es wie bei allen Maßnahmen zur Verhaltenstherapie unabdingbar, dass der Hund seinem Menschen bedingungslos vertraut und diesen als Rudelführer akzeptiert. Nur wenn der Mensch die nötige Selbstsicherheit, Ruhe und Kompetenz ausstrahlt, so kann er seinem Hund die Kraft geben, seine Ängste zu überwinden.

Ein gutes homöopathisches Mittel bei Ängsten vor allem Neuen ist Argentum nitricum D 12.

Das Autotraining beginnt im stehenden Fahrzeug. Ein Kombi ist für Hunde ideal.

Angst vor dem Autofahren

Manch ein Hund jault, bellt ununterbrochen, zittert oder erbricht sogar während der Fahrt.

Manche Hunde sind gar nicht zum Einsteigen zu bewegen, andere betrachten das Auto als ihr Heim erster Ordnung und verhalten sich derart aggressiv im Fahrzeug, dass überholende Fahrer oder vorbeigehende Passanten erschrecken.

Die Ursachen liegen oft schon in der ersten Autofahrt im Leben des Welpen begründet. Aus seiner behüteten Umgebung im Kreise seiner Geschwister und seiner Mutter wird er von fremden Menschen abgeholt und in einem schaukelnden, lauten Ungeheuer abtransportiert. Er fühlt sich verlassen und kann die akustischen sowie die optischen Eindrücke der vorbeiflitzenden Landschaft nicht verarbeiten. Hiermit ist die künftige Angst vor dem Autofahren vorprogrammiert.

Vorab muss festgestellt werden, was genau dem Hund Angst macht. Ist es das Motorengeräusch, die vorbeisausende Landschaft (Fenster abdunkeln!), sich nähernde Personen oder kurvenreiche Fahrten? Dementsprechend wird der Hund nun systematisch desensibilisiert.

Die richtige Gewöhnung ans Autofahren

Ideal ist es, wenn der verantwortungsbewusste Züchter die Welpen bereits an das „Ungeheuer" Auto gewöhnt. Das kann auch der zukünftige Hundebesitzer bei den vorab stattfindenden Besuchen übernehmen. Zuerst wird der Welpe an den Innenraum des stehenden Fahrzeuges gewöhnt. Es wird geschmust, gestreichelt, gespielt und ausgiebig gelobt. Nun wird der Motor angelassen und der junge Hund weiterhin abgelenkt. Beim ersten Versuch sollte das Fahrzeug noch nicht bewegt werden!
Wenn der Welpe keine Angst im Auto zeigt, kann man beim nächsten Versuch einige Meter fahren. Hierbei sollte eine zweiten Person beim Hund sitzen. Ruckartige Lenk- und Bremsbewegungen sind unbedingt zu vermeiden! Eine kurze, langsame Fahrt um den Block sollte für´s Erste genügen. Die Fahrtdauer wird dann langsam gesteigert. Zunehmend wird der Hund an das Kurvenfahren und auch an plötzliches Bremsen gewöhnt.

Wenn der Hund bereits Ängste hat

Dies ist häufig bei etwas älteren Hunden zu beobachten, die bereits unangenehme Erfahrungen mit dem Autofahren verbinden. Besonders schwierig ist es, falls der Hund eine Angstneurose aufgrund eines erlebten Unfalles entwickelt hat. Nun ist deutlich mehr Geduld und Einfühlungsvermögen nötig, um dem Tier diese Angst zu nehmen – unabhängig davon, welche Anzeichen der Angst bestehen.
Wenn der Hund ununterbrochen bellt, muss er zuerst an das stehende Fahrzeug, an vorbeifahrende Autos und vorübergehende Passanten gewöhnt werden. Hierbei wird ihm beruhigend zugeredet. Handelt er aus übermäßiger Erregung, d.h., bellt er nur deshalb ständig, weil er sich auf den bevorstehenden – an die Autofahrt anschließenden Spaziergang – freut, wird er immer wieder ins Auto gesetzt und nur belohnt, wenn er ruhig ist. Lassen Sie den Motor nicht an, sondern nehmen Sie den Hund wieder hinaus. Zeigt er keine Erregung mehr, lässt man den Motor kurz an. Erst bei vollkommener Ruhe fährt man ein kleines Stück und belohnt den Hund für ruhiges Verhalten. Hilfreich ist auch, den Hund häufig zu kurzen Fahrten mitzunehmen, denen *kein* Spaziergang folgt.
Zeigt der Hund eine generelle Angst vor dem Autofahren, so sollte man ihn z.B. nicht nur zum Tierarzt fahren, sondern jede Autofahrt mit etwas angenehmem wie einem Gassigehen

Zeigen die beschriebenen Übungen nur wenig Erfolg, sollte man sich den fachlichen Rat eines Tierpsychologen einholen und sich ggf. vom Tierarzt ein leichtes, evtl. homöopathisches Beruhigungsmittel geben lassen. Bei einer Fahrkrankheit gibt man Nux vomica D 30 und Cocculus D 6 im Wechsel.

verbinden. Leidet der Hund nicht unter Reiseübelkeit, so kann die tägliche Fütterung anfangs vor dem Auto, später im stehenden Wagen stattfinden.
Oft verteidigt der Hund im Wagen nicht nur sein Revier, sondern auch den Besitzer. Hier kann es hilfreich sein, den Hund bei Freunden mitfahren zu lassen, um diese Fixierung zu lösen. Nach mehreren Versuchen steigt der Besitzer als Beifahrer ein. Erst bei deutlicher Besserung wird wieder im eigenen Fahrzeug mit Herrchen/Frauchen geübt.
Hunde, die während der Fahrt erbrechen, reagieren sensibel auf das Schaukeln und sollten 12 Stunden vor einer Reise das letzte Mal gefüttert werden. Das Anbieten von Wasser in regelmäßigen Abständen ist hier besonders wichtig. Der Blick durch das geschlossene Fenster sollte diesen Hunden möglich sein. Auch Reisetabletten (unbedingt vom Tierarzt beraten lassen!) können hilfreich sein.
Manche Hunde fühlen sich im Auto in einer Hundebox sicher und geborgen. Dieses Hilfsmittel sollte man vor allem bei Hunden in Erwägung ziehen, welche vor Panik über die Innenausstattung des Wagens (Polster, Gurte oder Innenverkleidung) herfallen.
Generell sollten alle längeren Fahrten mit Hund ca. alle 2–3 Stunden für einen kurzen Spaziergang und das Durststillen unterbrochen werden.
Ist das Vertrauen zwischen Mensch und Hund hergestellt, wird aus dem Angsthasen bald ein angenehmer Beifahrer werden. Bei Dauerkläffern ist die Therapie nicht ganz so aussichtsreich.

Gut zu wissen

Bach-Blüten

- *Aspen – gegen unbestimmte Ängste aller Art*
- *Mimulus – gegen die gezielte Angst vor dem Auto*
- *Rock Rose – gegen aufkommende Panikgefühle*
- *Star of Betlehem – zur Verarbeitung früherer Schocksituationen*
- *Larch – zur Steigerung des Selbstbewusstseins*
- *Rescue – vor jedem Training und ggf. auch mehrmals während der Übungen*

Hysterie im Straßenverkehr

Nicht wenige – besonders jüngere – Hunde reagieren im Straßenverkehr hysterisch. Dies ist auf eine mangelnde Umweltprägung im Welpenalter zurückzuführen. Besonders Tiere, welche in einer abgelegenen ländlichen Gegend die ersten Lebenswochen verbringen, konnten keine Erfahrungen mit Autos, Radfahrern und LKWs machen. Mit sechs bis acht Wochen durchlaufen Jungtiere eine ängstliche

Behutsame Gewöhnung an den Straßenverkehr beugt Ängsten und Stress vor.

Phase, welche jedoch bei richtiger Führung wieder verschwindet. Bekommen diese jungen Hunde jedoch keine Möglichkeit, fremde Eindrücke zu verarbeiten, kann sich dieser Zustand festigen. In der Zeit bis zur 14. Woche sollte daher der angehende Familienhund vorsichtig mit möglichst vielen Situationen vertraut gemacht werden. Je breiter das Spektrum positiver Erfahrungen mit Menschen, Tieren und der Umwelt allgemein ist, um so bessere Startbedingungen hat der junge Hund. Bleibt ihm dies versagt, wird er auch im Erwachsenenalter mit alltäglichen Situationen überfordert sein. Die Angst verhindert, dass er neue Verhaltensmuster erlernt und kann soweit führen, dass er die schützende Wohnung nicht mehr verlassen will.

Die Panik nehmen

Ein sich ständig ängstigender Hund ist zu bedauern und es sollte ihm schnellstens geholfen werden. Dauerstress hat äußerst negative Auswirkungen auf die gesamte Entwicklung des Tieres. Unter Umständen muss professionelle Hilfe in Anspruch genommen werden. Erste Versuche sollten mit einer systematischen Desensibilisierung unternommen werden. Hierbei wird der Hund behutsam an die angstauslösenden Reize herangeführt, um ihn an Hektik und Lärm zu gewöhnen und die Verhaltensweise in derartigen Situationen zu ändern. Wichtig ist die unbedingte Führungsrolle des Hundehalters, damit das Tier sich sicher fühlen kann. Auch hier ist wieder die Rangordnung und Dominanz äußerst wichtig. Solange der

Besonders geräuschempfindliche Rassen, z.B. Border Collies und andere Hütehunde, können überaus leicht durch bewegte laute Objekte im Straßenverkehr in stressbedingte Panik verfallen.

Hund z.B. an der Leine zieht, ist der Mensch am anderen Ende der Leine nicht in der Lage, die Führungsrolle zu übernehmen und dem Hund Sicherheit zu vermitteln. Dies sollte als erstes in einer guten Hundeschule trainiert werden.

Keinesfalls darf man versuchen, den Hund zu beruhigen! Mit dem Versuch, das Tier durch gutes Zureden oder Streicheln zu beruhigen, erreicht man das genaue Gegenteil. Stattdessen sollte man den Vierbeiner in einer *ruhigen* Seitenstraße an lockerer Leine „bei Fuß“ führen, Aufregungen und Eskapaden ignorieren und zügig vorangehen. Der Besitzer selbst muss ruhig und gelassen bleiben. Der aufgeregte Hund fühlt ganz genau, ob Herrchen oder Frauchen selbst Angst vor der Situation (oder vor der Reaktion des Hundes) hat. Am Ende der Straße und bei relativ ruhigem Verhalten wird der Hund gelobt und belohnt. Eine solche kurze Trainingsstrecke sollte am Anfang und Ende jedes Spazierganges eingebaut werden. Zwischendurch muss der Hund die Möglichkeit haben, sich ausgiebig auszutoben, um die Spannung wieder abzubauen.

Am Anfang der Desensibilisierung kann ein homöopathisches Beruhigungsmittel gegeben werden. Auch Borax D 3 (bereits 2 Wochen vor Silvester gegeben) hat sich sehr bewährt. Bei genereller Schreckhaftigkeit gibt man Kalium Phosphoricum D12.

Erst wenn der Hund die ruhigen Seitenstraßen gelassen meistert, darf man sich mit ihm in verkehrsreichere Gegenden wagen. Spaziergänge in der Innenstadt oder am Rande einer Autobahn sind im übrigen sowieso weder für den Hund noch für den Menschen gesund und erholsam. Ebenfalls ist zu überdenken, ob unser Hund unbedingt den Lärm eines Rummelplatzes o. ä. „brav“ über sich ergehen lassen muss. Eine gewisse Lärmempfindlichkeit sollte jedem Lebewesen zugestanden werden. Die normale Geräuschkulisse auf der Straße gehört jedoch dazu und daher in das Ausbildungsprogramm jedes Hundes.

Gut zu wissen

Bach-Blüten

- *Mimulus – gegen spezifische Ängste vor dem Lärm und den Fahrzeugen*
- *Aspen – gegen undefinierbare Ängste*
- *Larch – zur Steigerung des Selbstbewusstseins*
- *Rock Rose – gegen aufkommende Panikgefühle*
- *Rescue – anfangs vor jedem Gang auf die Straße, in kurzen Abständen*

Angst vor Lärm

Diese Angst kann entweder in seltenen Fällen auf einer angeborenen Empfindlichkeit beruhen, aufgrund schlechter Erfahrungen erworben sein oder durch mangelnde Erfahrungen mit diesen Situationen auftreten. Angeborene, genetische Überempfindlichkeit lässt sich im besten Fall günstig beeinflussen, beseitigen kann man sie jedoch nicht. Weitaus häufiger resultiert jedoch die Angst aus einer Schrecksituation heraus. Der Hund verbindet jedes Knallgeräusch mit seinem damaligen Schrecken und reagiert mit Angst. Die nötigen Verhaltensmaßnahmen gleichen jenen, welche bei Tieren angewendet werden, die aufgrund mangelnder Früherfahrungen entsprechende Geräusche nicht kennenlernen konnten und daher ängstlich darauf reagieren. Manche Welpen werden isoliert aufgezogen und sind später gegenüber allen lauten Geräuschen übersensibilisiert. Gerade bei Welpen wird häufig der Fehler gemacht, dass sie ausgiebig getröstet werden, sobald sie sich vor einem Geräusch erschrecken. Hierdurch erhalten sie und Bestätigung für ihr ängstliches Verhalten und werden immer wieder so reagieren. Schon Welpen sollte man daher an diverse Geräuschkulissen gewöhnen und dem jungen Hund durch eigene Ruhe und Gleichgültigkeit die Ungefährlichkeit der Situation vermitteln. Dies gilt auch bei erwachsenen Hunden, welche ihre Angst durch ein negatives Erlebnis aufbauten. Durch eine systematische Desensibilisierung lässt sich die Angst des Hundes jedoch in kontrollierbare Bahnen lenken: Bei Schussangst, Gewitterangst oder Furcht vor Silvesterknallkörpern besorgt man sich eine Geräusch-CD oder Kassette (z.B. „Das Kosmos-Welpenbuch" von Viviane Theby mit Geräusch-CD) oder Spielzeugpistole mit entsprechender Munition. Dem Hund werden nun diese Geräusche zuerst sehr leise bzw. aus großer Entfernung vorgespielt. Reagiert er ruhig, erhält er eine Belohnung. Langsam kann die Lautstärke gesteigert werden. Sobald das Tier aufkommende Ängste zeigt, ist man zu schnell vorgegangen und muss die Lautstärke wieder verringern. Das ängstliche Verhalten wird konsequent ignoriert und das Training mindestens zweimal täglich fortgeführt. Auch die Fütterung, während im Hintergrund die Geräuschkulisse abläuft, hat sich hierbei sehr bewährt.

Bei akuter Angst, z.B. Silvester, hat sich auch D.A.P. (Dog Appeasing Pheromone) bewährt – als Zertäuberspray oder Halsband.

Gut zu wissen

Bach-Blüten

- *Mimulus – gegen spezifische Ängste vor Knallgeräuschen*
- *Aspen – gegen plötzlich aufkommende Angstattacken*
- *Rock Rose – gegen aufkommende Panikgefühle*
- *Rescue – zur Angstvermeidung und -verringerung in allen angstauslösenden Situationen, in kurzen Abständen*

Angst vor dem Tierarzt

Für manchen Hundehalter wird der Tierarztbesuch regelrecht zum Horrortrip, weil der verängstigte Hund völlig

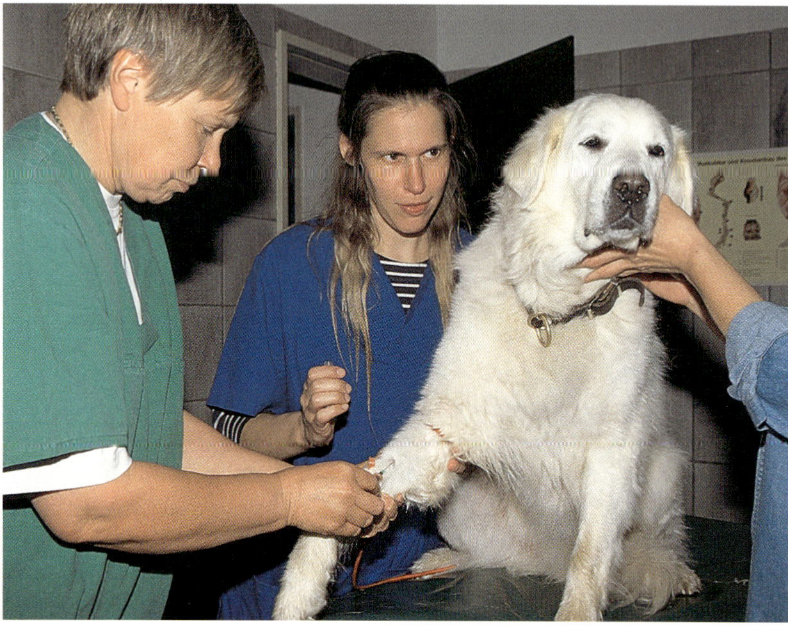

Tierarztbesuch in entspannter Atmosphäre

überreagiert. Selbst ein selbstsicherer und mutiger Hund kann beim Gang zum Tierarzt zum Angstbündel werden. Meist spürt der Hund es schon, bevor es losgeht – auch wenn Herrchen so tut, als ob nichts wäre, nervös nach dem Impfpass sucht und einen normalen Spaziergang vortäuscht. Mancher Hund weigert sich schon hartnäckig, ins Auto zu springen und spätestens wenn das Haus des Tierarztes auftaucht, ist es mit der Beherrschung vorbei. Ob groß oder klein – wenn es zum Tierarzt geht, werden viele Hunde zu Angsthasen. Sie zittern, ducken sich ängstlich hinter den Besitzer und ihr Aggressionspotential erhöht sich. Manche sitzen völlig apathisch im Wartezimmer und andere schnappen sogar schon mal zu, wenn der Arzt sie anfasst. Jeder Hundebesitzer hat es jedoch in der Hand, dies zu verhindern.

Hunde lernen bereits in ihrem ersten Lebensjahr, wovor sie wirklich Angst haben müssen. Sind ihre ersten Erfahrungen positiv, so gehen sie später gelassener mit der Situation um. Erlebt ein Hund seine ersten Sitzungen beim Tierarzt dagegen als unangenehm oder gar schmerzhaft, wird jeder künftige Besuch für ihn zum Stress, wobei Halter und Hund sich in ihrem Unwohlsein gegenseitig hochschaukeln. Der Besitzer wartet regelrecht auf die ängstlichen Reaktionen

seines Hundes und dieser zittert vor Aufregung und Angst.
Die beste Vorbeugung ist ein entsprechendes Training im Welpenalter, welches verhindert, dass Angst überhaupt erst aufkommt. Aber auch beim erwachsenen, ängstlichen Hund lassen sich diese spezifischen Ängste auf gleiche Weise eindämmen. Dabei ist es wichtig, dass der Hund lernt, den Tierarztbesuch mit etwas Angenehmem zu verbinden, z.B. einem schönen Spaziergang hinterher, einer Belohnung oder einem neuen Spielzeug nach der Untersuchung. Ideal ist es, wenn der Hund die Praxis kennenlernen darf, ohne dass es „ernst" wird und er z.B. geimpft werden muss. Ein einfühlsamer Tierarzt wird dagegen nichts einzuwenden haben – hat er es doch später mit diesem Hund wesentlich einfacher. Der Hund sollte sich alles anschauen dürfen und erst beim zweiten oder dritten Besuch auf dem Behandlungstisch eine harmlose Untersuchung erleben.
Enorm wichtig ist, dass der Halter selbst Ruhe bewahrt. Schimpfen oder ein übermäßiges Bemuttern wären völlig falsch. Auch hier muss der Hund lernen, dass diese Besuche dazugehören und keine ernsthafte Bedrohung für ihn darstellen.

Als homöopathische Unterstützung gibt man Phosphorus D 200 bereits eine Stunde vor der Fahrt zum Tierarzt.

Gut zu wissen

Bach-Blüten

- *Gentian – bei Tieren, die sich ängstlich verstecken*
- *Mimulus – gegen die Ängste vor dem Besuch beim Tierarzt*
- *Rock Rose – gegen aufkommende Panik*
- *Rescue – als Notfallmittel bei großen Angstzuständen und zur Beruhigung im Vorfeld*

Wasserscheue

Normalerweise gehen Hunde gerne ins Wasser – oft nicht immer zur Begeisterung ihrer Besitzer. Manche Hunde haben jedoch schon Angst vor einer flachen Pfütze und vermeiden möglichst jeden Kontakt mit dem nassen Element. In einem Bach oder See zu schwimmen, wäre für sie unvorstellbar. Manche weigern sich sogar, bei Regen das Haus zu verlassen oder tun dies nur sehr widerwillig. Wasserscheue kann in sehr unterschiedlicher Form auftreten und ebenso vielfältige Ursachen haben. Auch hier gilt: Was der Welpe bereits kennenlernt, vor dem zeigt er später keine Angst.
Manch ein Welpe bekam schon einen Riesenschreck, als seine Plastikschüssel bei den ersten Trinkversuchen umkippte. Manche Welpen werden auch in einem zu hygienischen Umfeld aufgezogen, so dass sie keine Möglichkeit haben, Pfützen oder gar Regen kennenzulernen. Im Freien aufgewachsene Hunde haben dagegen meist ein sehr positives Verhältnis

Ist die Wasserscheu erst überwunden, genießen Hunde das Herumtollen.

zum Wasser und können leichter an das Schwimmen gewöhnt werden. Niemals darf man einen Hund einfach in ein tieferes Gewässer werfen. Sicher kann jeder Hund von Natur aus schwimmen, ein solcher Schock jedoch kann sich tief eingraben und aus dem unerfahrenen Tier einen lebenslangen Angsthasen in Bezug auf Wasser machen. Um dem Hund das Schwimmen schmackhaft zu machen, muss er erst einmal das flache Wasser aus eigenem Antrieb erkunden dürfen. Der Besitzer geht voran und lockt seinen Hund hinter sich her. Auch ein ins flache Wasser geworfener Stock ermutigt den etwas ängstlichen Hund, diesen zu holen.

Oder aber, man verabredet sich mit einem befreundeten Hund, der gerne ins Wasser geht und den eigenen animieren kann.

Bei Hunden, die schon ein negatives erschreckendes Erlebnis mit dem Wasser hatten, ist hierbei sehr viel Geduld nötig. Je jünger der Hund, desto tiefer graben sich negative Erlebnisse in seine Seele ein!

Regenscheue kann z.B. als Ursache haben, dass man einen jungen Hund, der noch keinen Regen erlebte, bei heftigen Schauern aus dem Haus führt. Das Prasseln der Regentropfen kann einen nachhaltigen Schrecken auslösen und ihm zusammen mit den zischenden Geräuschen der vorbeifahrenden Autos auf regennasser Straße das Element Wasser verleiden. Ein derart geschockter Hund kann auch später durch einen Gartenschlauch oder eine Sprenkleranlage hieran erinnert werden und Angst zeigen. Auch bei dem manchmal notwendigen Abtrocknen des Hundes nach einem Regenspaziergang kann man einiges falsch machen: Bei Hunden, die diese Prozedur noch nicht kennen, sollte man sehr behutsam vorgehen und keinesfalls heftig herumrubbeln oder kräftig die Pfoten säubern. Hier muss die Gewöhnung sehr langsam erfolgen und unter Umständen ist auch erst mal der eine oder andere Dreckspritzer in der Wohnung zu akzeptieren. Dies ist leichter zu beseitigen als die Angstgefühle des Hundes vor grober Reinigung bzw. der Assoziation: Regen = unangenehmes Abtrocknen danach.

Scheu oder Angst vor Wasser sind niemals angeboren, sondern beruhen immer auf einer negativen Erfahrung mit dem Element Wasser. Nur viel Geduld und entsprechendes Einfühlungsvermögen können diese Scheu abbauen. In vielen Fällen lässt sie sich nicht ganz beseitigen.

Gut zu wissen

Bach-Blüten

- *Rescue – vor dem Training an Pfützen oder flachen Seeufern*
- *Mimulus – gegen die Angst vor dem Wasser*
- *Larch – zur Steigerung des Selbstbewusstseins*

Trennungsangst

Kein Hund bleibt gerne alleine, aber jeder sollte dies für eine gewisse Zeit akzeptieren. Idealerweise ruht der Hund während der Trennung, freut sich bei der Ankunft des Besitzers und wird durch einen Spaziergang, ein Spiel oder ein paar Schmuseeinheiten belohnt.

Was bedeutet das „Alleinebleiben“ für den jungen Hund? Besonders für Welpen ist es artwidrig – in der Natur sogar gefährlich – wenn das Rudel ihn verlässt. Daher sollte man mit dem Training frühestens im Alter von vier Monaten beginnen. Zu frühe Versuche rufen Verlassensängste hervor, welche – oft erst sehr viel später – zu Störungen führen. Irgendwann könnte der Hund die Nachbarn durch anhaltendes Heulen, Jaulen oder Bellen zur Verzweiflung bringen oder die Wohnungseinrichtung zerlegen. Die Ursache hierfür liegt eindeutig im mangelnden Vertrauen zu seinem Besitzer, verursacht durch zu frühe und zu lange Trennungen.

Je länger und häufiger Hunde alleine bleiben müssen, um so stärker tritt diese Angst auf. Machen sie aber regelmäßig diese Erfahrung über sich langsam steigernde Zeitspannen, gewöhnen sie sich daran und zeigen

In schweren Fällen, z.B. bei massiver Zerstörungswut als Stresssymptom, sollte ein Fachmann (Tiertherapeut, Tierpsychologe) hinzugezogen werden. Durch den Einsatz von homöopathischen Beruhigungsmitteln und Bach-Blüten kann auch hier Abhilfe geschaffen werden.

Bei ganz hartnäckigen Kandidaten, welche die Trennung überhaupt nicht akzeptieren und sich evtl. sogar über die Wohnungseinrichtung hermachen, helfen für die Anfangszeit pflanzliche oder homöopathische Beruhigungsmittel (z.B. Requisan oder Avena sativa). Die Dosierung wird im Verlauf der Übungen täglich reduziert, bis es ohne klappt.

schließlich keine Stress- oder Angstsymptome mehr.

Wie kommt es zur Trennungsangst?
Sie tritt bei Hunden auf, die das Alleinsein nicht kennen oder bei Hunden, die während des Gewöhnungsprozesses plötzlich mit einer ungewöhnlich langen Trennung fertig werden mussten. Solche langen Trennungsphasen sind meist vorhersehbar und sollten zum Wohle des Hundes und zur Vermeidung möglicher Probleme in der ersten Zeit durch einen Hundesitter verkürzt werden. Meist genügt es schon, wenn z.B. ein Nachbar nach den bisher üblichen 3–4 Stunden des Alleinebleibens mit dem Hund einen Spaziergang unternimmt oder ihn zu sich holt. Schon nach einigen Tagen wird der Hund sich an die längere Trennungszeit gewöhnen. Das Training beginnt, indem man während einer Ruhephase des Tieres (nach dem Spaziergang oder dem Fressen) die Wohnung für 2–3 Minuten verläßt. Der Hund wird mit einer Bemerkung, welche man jedes Mal gleich anwendet, verabschiedet. z.B.: „Frauchen kommt gleich wieder". Auf keinen Fall sollte man sich davonschleichen! Die Begrüßung des Hundes beim Nachhausekommen sollte herzlich, jedoch nicht überschwänglich ausfallen. Keinesfalls darf er bestraft werden, falls er doch etwas angestellt oder gebellt hat. Er hat schließlich nur nach seinem Rudel gerufen! Eventuelle Missetaten werden ignoriert und einige Minuten später wird erneut ein kurzes Alleinebleiben von einigen Minuten geübt. Nach der Wiederkehr geht man ohne viel Aufhebens zu alltäglichen Tätigkeiten über. Ein längerer Spaziergang sollte jedoch nach der Trennungszeit selbstverständlich sein! Darauf wird der Hund sich nach erfolgreichem, geduldigem Training freuen und er ist als die sinnvollste Belohnung anzusehen. Die Übungen werden mehrfach wiederholt, wobei die Phasen des Alleinseins *langsam* verlängert und bei Problemen sofort wieder verkürzt werden. Dem Hund muss klar werden, dass sein Besitzer immer wiederkommt. Ist diese Vertrauensbasis hergestellt, ist er als erwachsener Hund in der Lage, auch einmal längere Zeit alleine zu bleiben. Leise Hintergrundgeräusche durch Radio oder Fernseher sowie ggf. eine Lichtquelle helfen.

Trennungsangst beim Hund aus zweiter Hand
Hatte der Hund schon einen oder mehrere Vorbesitzer und akzeptiert das Alleinebleiben nicht, wird es schwieriger. Hier muss man ganz von vorne beginnen. Falls niemand aus der Familie ganztägig zu Hause ist, sollte man zum Zeitpunkt der Anschaffung des Hundes unbedingt 1–2 Wochen Urlaub einplanen. Die Vorgehens-

weise ist identisch mit dem Welpentraining. Bei erwachsenen Hunden, welche meist bereits negative Erfahrungen gemacht haben, muss man jedoch wesentlich mehr Geduld und Zeit für das Training aufbringen. Die ersten Versuche dauern nur wenige Sekunden, werden langsam gesteigert und bei aufkommender Unruhe ebenfalls sofort wieder zeitlich verkürzt. Auch ein interessantes Spielzeug oder ein leckerer Kauknochen helfen, das Alleinsein zu bewältigen.

Wie lange alleinlassen?

Als Faustregel gilt: ausnahmsweise maximal 5–6 Stunden. Tägliche lange Trennungen sind nur vertretbar, wenn der Hund freien Zugang zum Garten/Hof hat oder jemand mit ihm zwischenzeitlich Gassi geht. Leben mehrere Hunde in der Familie, bleiben diese meist problemlos längere Zeit alleine. Viele Hunde, welche täglich zu lange alleine sind, entwickeln irgendwann Verhaltensstörungen wie Zerstörungswut oder Unsauberkeit. Berufstätige sollten daher die Anschaffung eines Hundes sorgfältig überdenken. Sind regelmäßige Trennungen unvermeidbar, so sollte man zumindest am Rest des Tages viel Zeit für den vierbeinigen Freund einplanen. Hunde, welche die Nacht in unmittelbarer Nähe des Besitzers verbringen dürfen, verkraften die Trennung tagsüber wesentlich besser.

Gut zu wissen

Bach-Blüten

- *Rescue – einige Minuten vor dem Verlassen der Wohnung*
- *Mimulus – gegen die Verlassenheitsängste*
- *Rock Rose – gegen aufkommende Panik*
- *Star of Betlehem – um erlebte Schocks des Alleinseins zu verarbeiten*

Bei Trennungsangst unterstützt man mit dem homöopathischen Mittel Arsenicum album D 30, Phosphorus D 30 und Pulsatilla D 30 (im Wechsel).

Weitere Verhaltensstörungen

Zerstörungswut

Sie tritt beim jungen oder erwachsenen Hund durch die beschriebene Trennungsangst auf und kann dann nur als Protesthandlung gedeutet werden. Hierbei ist das Training des Alleinebleibens unumgänglich.
Beim Welpen liegt der Sachverhalt anders: Es gehört zum normalen Verhalten eines Welpen, dass er alles durch seine Zähne untersucht, derart seine Neugier befriedigt und seine Kiefer trainiert. Betrifft dieses Verhalten jedoch die Wohnungseinrichtung, so müssen konsequente Verbote erlassen werden, die dem jungen Hund seine Grenzen zeigen. Ein einmaliges Verbot, z.B. Möbelstücke anzubeißen, genügt hier nicht. Der Welpe darf daher die erste Woche in seinem neuen Heim praktisch nicht aus den

Zerstörungswut entsteht häufig durch Verlustangst oder Langeweile.

Augen gelassen werden. Er muss *jedesmal* bei derartigen Verstößen zur Ordnung gerufen werden. Ist er alleine und knabbert seelenruhig am Stuhlbein, so wird er die spätere Strafe nicht mit der Tat in Verbindung bringen können und den Tadel nicht verstehen. Der Welpe muss von der Zerstörung der Einrichtung abgelenkt werden, indem man ihm genügend Spielzeug zur Verfügung stellt. Anfangs sollte es nicht das Teuerste sein, damit es auch ruhig kaputt gehen darf – sonst wird ihm schnell langweilig. Allerdings sollte man unbedingt darauf achten, dass es ungefährlich für den jungen Hund ist. Ideal sind auch Küchenrollen, sehr weiches Holz sowie alte Decken oder Stoffe. Keine Socken! Der Welpe kann nicht zwischen einem alten und einem guten Strumpf unterscheiden.

Bach-Blüten

Bach-Blüten sind nur im Falle von Protesthandlungen sinnvoll, bei dem Welpen hilft nur die Beobachtung und konsequente Erziehung! Beim Zerbeißen von Gegenständen während des Alleinbleibens empfehlen sich die selben Bach-Blüten wie bei der Trennungsangst (S. 23, 121).

Hochspringen

Pfotenabdrücke auf der Kleidung sind ärgerlich und einige Besucher bekommen es auch mit der Angst zu tun, insbesondere wenn größere Hunde sie anspringen.

Die Ursache des Hochspringens liegt in dem natürlichen Verhalten von Wölfen und Hunden begründet. Jungtiere zeigen durch den Schnauzenstoß ihre Unterwürfigkeit gegenüber dem Ranghöheren. Im Zusammenleben mit dem Menschen kann sich diese Art der Begrüßung jedoch als sehr lästig erweisen. Viele Halter empfinden das freudige Hochspringen des Welpen eine gewisse Zeit lang als „niedlich". Der Körperkontakt zwischen Mensch und Hund ist zwar für den Aufbau der Bindung sehr wichtig; einem erwachsenen Hund dies jedoch wieder abzugewöhnen ist wesentlich mühsamer und zeitaufwändiger. Schon der Welpe sollte daher lernen, dass das Hochspringen unerwünscht ist.

Als erfolgreichstes Mittel zur Abgewöhnung gilt die Sitzübung. Der Welpe sollte schon möglichst früh die Kommandos „Sitz" und „Bleib" kennen und in den Grundzügen beherrschen. Sehr wichtig ist, dass der Halter sich anfangs auf die Ebene des Hundes begibt, um diesen zu begrüßen, sich also hinkniet. Ein Leckerli oder ein Spielzeug sollte bereit gehalten werden, um den Hund abzulenken.

Unter Hunden ein natürliches Verhalten – für Menschen lästig: Hochspringen.

Ein ruhiges „Sitz und Bleib" wird bereits nach wenigen Sekunden ausgiebig belohnt. Wichtig ist hierbei, dass der Hund erst auf Herrchens/Frauchens Zeichen hin (z.B. „Auf") die Sitzposition verläßt. Einen großen Schritt weiter ist man, wenn man nach ca. 2 Wochen bei der Begrüßung schon aufrecht stehen bleiben kann, der Hund sich auf Kommando setzt und ruhig das Aufhebungssignal und dic Bclohnung erwartet. Die höchste Form der perfekten Begrüßung ist, wenn der Hund sich selbständig ohne Zeichen setzt und in aller Ruhe abwartet. Hier muss jedoch jeder Halter selbst entscheiden,

Unbedingt vermeiden sollte man aggressive Erziehungsmaßnahmen, welche früher häufig praktiziert wurden, z.B. dem Hund beim Hochspringen fest auf die Hinterpfoten zu treten. Abgesehen davon, dass man hierbei kleinere Hunde verletzen kann, rufen derartige Handlungen beim Tier nur Ängste hervor, ein nachhaltiger Lerneffekt bleibt aus.

wieviel Perfektion er für nötig hält. Meist erscheint es ausreichend, wenn der Hund einen freudig begrüßt ohne anspringen und sich auf Kommando setzt.

Übungen mit bekannten und fremden Personen
Im Training mit einem Bekannten sollte dieser alle Lernschritte wie beschrieben durchführen. Währenddessen trägt der Hund ein Halsband mit einer leichten Leine, mit deren Hilfe der Besitzer eingreifen kann. Durch einen sanften, kurzen Ruck kann der Hund zum Sitzen gebracht werden. Auch der Freund/Bekannte sollte sich nach der Übung hinunter beugen und das Tier ausgiebig loben. Bei fremden Personen gilt das gleiche Prinzip. Ideales Hilfsmittel ist eine Roll-Leine um den Abstand vergrößern zu können. Besucher sollten vorab kurz (z.B. durchs Fenster) über das Vorhaben informiert werden.

Wenn der erwachsene Hund Menschen anspringt
Dann sollte das Training als Spiel durchgeführt werden: „Es klingelt – es kommt Besuch“. Grundvoraussetzung ist, dass der Befehl „Sitz und Bleib“ *sicher* befolgt wird. Dieses Kommando muss der Hund nach dem Klingeln strikt befolgen. Sobald er beim Öffnen der Tür aufsteht, wird die Tür recht laut wieder zugestoßen. Dieses Spiel wird so lange wiederholt, bis der Hund sitzenbleibt, auch während der Fremde eintritt. Der Besucher sollte um Verständnis für das Verhalten gebeten werden – er könnte etwas verwundert sein. Bei 3–4 maligem Üben pro Tag beherrscht selbst der erwachsene Hund nach spätestens 4 Wochen die Begrüßung ohne Hochspringen.

Gut zu wissen

Bach-Blüten

- *Impatiens – gegen Hektik und Ungeduld*
- *Chicory – gegen übertriebene Aufdringlichkeit und „im Mittelpunkt stehen wollen“*
- *Vine – zur Verringerung übertriebener Dominanz*

Stress

Hund müsste man sein: Keine Sorgen, den ganzen Tag nur futtern, schlafen und Gassi gehen? Von wegen! Vor allem Herrchen oder Frauchen können ganz schön stressig sein. Und wenn der Vierbeiner mal ausrastet, ist immer er der Böse! Meist können die Besitzer in den „Macken“ ihres Hundes die eigenen Fehler erkennen:

Der Stress mit dem Spielen
Meist nur gut gemeint, oft aber des Guten zuviel: Besonders in Haushalten mit Kindern ist häufig Spielen nonstop an der Tagesordnung. Hat der

Hund nicht genügend Ruhephasen, so artet der Spaß schnell in Stress aus. Dem angeborenen Jagdtrieb folgend, reagiert er meist auch sofort auf die entsprechenden Aufforderungen z.B. „Hol's Stöckchen" und dies immer wieder und immer wieder. Wird sein Ruhebedürfnis über längere Zeit ignoriert, so kann er irgendwann durchaus einmal gereizt reagieren.
Jeder Hund braucht seine Ruhezone, wohin er sich jederzeit zurückziehen kann. Dies sollte dann unbedingt – auch von Kindern! – akzeptiert werden. Sobald er Lust zum Spielen hat, kommt er von selbst.

Der Stress mit dem Revier

Erst der Postbote, dann der Zeitungsausträger und vielleicht noch ein Vertreter, später dann die Nachbarin und mittags fremde Kinder ... Jedes Klingeln bedeutet: Zur Tür rennen, den Besuch begutachten und nötigenfalls verbellen, zur Seite gezerrt und zur Ruhe gerufen werden. In dem ganzen Tumult kann sich die Erregung so steigern, dass der eine oder andere Hund plötzlich doch mal zuschnappt.
Übersensible Hunde müssen langsam an Gäste gewöhnt werden und lernen, dass diese weder gefürchtet noch angeknurrt oder verbellt werden müssen. Das Türöffnen sollte möglichst ruhig geschehen, der Hund wird nicht angebrüllt, wenn er bellt oder gar weggezerrt oder in ein anderes Zimmer gesperrt. Mit Ruhe und Geduld lernt der Hund, Besucher ohne großes Tamtam zu akzeptieren, so dass in diesen Situationen gar kein Stress mehr aufkommt.

Stress durch Lärm, Verkehr und Alleinsein

Die Schmerzgrenze bei plötzlichen Geräuschen, dem Alleinebleiben oder in Menschenmengen liegt bei jedem Hund anders. Ein Stadthund wird sich eher über plötzliche Schuss-/Knallgeräusche aufregen als ein Jagdhund, dagegen wird der übliche Straßenlärm dem Hund vom Lande bei einem Besuch in der Stadt mehr zu schaffen machen. Einem Hund, der nie alleine ist, gehen evtl. schon die Nerven durch, wenn er nur kurz vor einem Geschäft angebunden wird.
Jeder Hund sollte langsam an neue Reize gewöhnt werden. Die allmähliche Annäherung an den Angst auslösenden Reiz: Geräusche lässt man erst aus größerer Entfernung auf den Hund einwirken und nähert sich dann ganz langsam der Geräuschquelle. Ebenso wird das Alleinsein erlernt und auch die Bewegung in der Stadt, z.B. in einer Menschenmenge, muss langsam und behutsam antrainiert werden. Es sollte daher z.B. selbstverständlich sein, dass man mit einem ängstlichen Hund nicht ohne vorheriges einfühlsames Training einen Rummelplatz besucht. Wobei noch zu

bedenken wäre, ob man diese Erfahrung den empfindlichen Hundeohren nicht generell ersparen sollte!

Hormonstress

Hündinnen werden zweimal jährlich läufig. Besonders in einer hundereichen Gegend bedeutet dies puren Stress – nicht nur für die ständig bedrängte Hündin, sondern auch für die geschlechtsreifen Rüden und sämtliche Hundehalter. Viele Rüden drehen regelrecht durch, sobald eine Hündin der Umgebung läufig wird und sind nicht mehr zu halten.
Generell sollten alle Hunde – ob Rüde oder Hündin – kastriert werden, sofern sie nicht zur Zucht verwendet werden sollen. Durch diesen kleinen Eingriff erhält das Tier ein Leben frei von hormonellen Schwankungen – und im übrigen gibt es bereits genügend Hunde aller Rassen und Mischungen, die niemand haben möchte ...
Um den Nichtkastrierten zu helfen, kann man lediglich versuchen, den Geruchsreizen aus dem Wege zu gehen, indem man die Spaziergänge mit seinem Rüden vorübergehend in andere Gefilde verlegt.

Langeweile – der pure Stress

Jeder dritte Hund hierzulande ist mehr als 20 Stunden pro Tag inaktiv. So gerne Hunde auch schlafen – dies ist eindeutig zu viel des Guten! Die meisten dieser unterforderten Hunde bereiten ihren Besitzern in vielfältiger Hinsicht Probleme. Diese Tiere sind nicht ausgelastet und reagieren dann auf die wenigen Reize, die sie bekommen, um so intensiver. Kläffen oder Ziehen an der Leine sind noch die harmloseren Erziehungsschwierigkeiten. Noch stressiger wird es für die betroffenen Hunde dadurch, dass sie wegen ihres Verhaltens auch noch geschimpft oder gar bestraft werden. Ein Viertel des Tages sollte der Hund mindestens aktiv sein. Neben den Spaziergängen können das Spiele im Haus sein. Er sollte möglichst viel an

Gut zu wissen

Bach-Blüten

- *Beech – zur Förderung der Toleranz*
- *Holly – zur Vermeidung aggressiver Gefühle*
- *Centaury – gegen Überforderung und zuviel Gutmütigkeit*
- *Mimulus – gegen unspezifische Ängste*
- *Aspen – gegen spezielle Ängste, deren Ursache bekannt ist*
- *Cherry Plum – gegen großen „inneren“ Druck*
- *Elm – bei durch Stress bedingten Erschöpfungszuständen*
- *Impatiens – gegen Ungeduld, Hektik und Gereiztheit*
- *Rescue – in Stresssituationen*

dem Leben seiner Familie teilhaben können und sämtliche Familienmitglieder sollten sich regelmäßig um die Beschäftigung kümmern.
Häufig äußert sich Stress beim Hund auch in Aggressionen oder Dominanzproblemen. Sofern der Halter diese nicht selbst bewältigen kann, sollte er sich nicht scheuen, fachmännische Hilfe eines Tierpsychologen, Fachgebiet Hunde, in Anspruch zu nehmen. Oft sind es nur Kleinigkeiten als Auslöser, die fatale Folgen haben können und vom Besitzer nicht erkannt werden.

Dauerbellen

Hunde, die bellen, beißen zwar (meistens) nicht, aber für Ärger sorgen sie trotzdem. Dauergebell stört die Nachbarn, macht den Besitzer nervös und steckt alle Hunde der Umgebung an. Schlimmstenfalls kann dies sogar zum Verlust der Wohnung führen. Die Umerziehung ist schwierig, mit der nötigen Konsequenz aber in relativ kurzer Zeit durchführbar.
Hunde bellen aus den unterschiedlichsten Gründen, aber aus einer einzigen Ursache heraus: Erregung. Hormone, die auch beim Menschen Aufregung, Lachen oder Weinen auslösen, lösen beim Hund das Signal zum Bellen aus. Antrainiert wird es ihm meist vom Menschen selbst: Schon Welpen merken schnell, dass der Besitzer sich ihnen sofort zuwendet, sobald sie Laut geben. Also bellen sie, wenn sie sich freuen, ärgern, auf Fremde aufmerksam machen wollen, Angst haben oder einfach nur Aufmerksamkeit erreichen wollen.
Besitzer eines Junghundes sollten von Anfang an nicht reagieren, wenn der Kleine unerwünscht kläfft und ihn nur dann loben, wenn er sich als Wachhund übt. Je jünger ein Hund ist, desto leichter versteht er, wann sein Gebell Freude und wann es Ärger auslöst.
Bei einem älteren notorischen Kläffer dagegen müssen konsequente Umerziehungsmaßnahmen eingesetzt werden: Welche Ursachen führen zu dem Dauergebell?
Am häufigsten sind die Klagelaute der Alleingelassenen, sie bellen, um Herrchen oder Frauchen zurückzurufen. Hier hilft nur Strenge und Geduld. Das Alleinebleiben wird mit anfangs wenigen Sekunden neu trainiert. Ist der Hund unruhig, wird er beim Zurückkommen nicht beachtet, blieb er ruhig, wird er ausgiebig gelobt. Die Zeitphasen werden sehr langsam gesteigert und mit einem Kauknochen oder einem neuen Spielzeug überbrückt.
Bellt der Hund im Garten? Meist will er damit das Revier seines Rudels verteidigen. Auch wenn er jeden Fremden ankläfft, so ist dies eine reine Beschützergeste. Um den Hund in seinem angeborenen Wachinstinkt nicht

zu verunsichern, darf er hierbei nicht angeschrien werden, sondern die Reaktion muss umgeleitet werden: Eine Bellsituation wird gezielt herbeigeführt und der Hund in dem Moment, indem er zum Bellen ansetzt, abgelenkt: durch Ruf, sein Lieblingsfutter oder durch ein kurzes Spiel. Er wird so lange beschäftigt, bis die Bellsituation vorüber ist. Dieses Manöver sollte täglich mit immer anderer Ablenkung wiederholt werden. Lässt der Hund sich ablenken, so kann das Kläffen reduziert werden. Ist seine Aufregung zu groß und der „Eindringling" wichtiger als alles andere, so kann ein anderer Trick den erhofften Erfolg bringen: Bei der herbeigeführten Bellsituation wird dem Hund im Moment des Luftholens zum Bellen energisch die Schnauze zugehalten, der so genannte Schnauzengriff. Gleichzeitig erhält er ein Sichtzeichen mit der Hand (z.B. erhobener Zeigefinger oder Handfläche) und bekommt ein bestimmtes, sonst nicht als Kommando verwendetes Wort (Psst, Ruhig, Stopp o.Ä.) ins Ohr geflüstert. Flüstern erzwingt die Konzentration des Hundes, während ein Anschreien seine Aufregung noch steigern würde.

Bei Bellwut gibt man das homöopathische Mittel Lachesis D 200.

Auch diese Übung muss immer wieder für alle Bellsituationen wiederholt werden. Als nächsten Schritt versucht man einen Bellstopp nur mit Handbewegung und Flüstern zu erreichen und später erprobt man die Fernwirkung. Wenn der Hund bellt, ertönt sein Name und der Besitzer zeigt ihm durch Handbewegung und Kommando, dass er schweigen soll. Nach einiger Zeit genügt das verbale Kommando auch aus größerer Entfernung.

Wichtig bei allen Übungen: Gehorsam muss ausgiebig gelobt werden. Der Hund spürt sehr genau, wie sehr sich sein Besitzer freut. Und seinem „Chef" Freude zu bereiten, ist für jeden Hund das größte Glück.

Nicht übersehen werden darf, dass unkontrolliertes Bellen auch ein Dominanzproblem darstellt. In einem Rudel ist es nur dem Ranghöchsten erlaubt, als erster anzuschlagen, zu warnen und Eindringlingen zu drohen. Notorische Kläffer versuchen daher meist auch innerhalb der Familie, ihren Status zu verändern. Häufig verbinden sich hiermit allgemeine Gehorsamsprobleme, welche im Bedarfsfalle mit einem erfahrenen Hundetrainer bzw. -psychologen abgeklärt und therapiert werden sollten.

Gut zu Wissen

Bach-Blüten

- *Aspen – gegen unspezifische Ängste*
- *Mimulus – beim Bellen aufgrund von Angstzuständen*
- *Vine – gegen hartnäckiges Dauerbellen im Beisein des Besitzers*

Stubenreinheit

Normalerweise wird der Welpe ab der 3. Woche von alleine stubenrein – wenn man ihn lässt. Ab dann verlässt er das Lager, dessen Rand nicht zu hoch sein darf, und löst sich 1–2 Meter entfernt. In der Wohnung muss man ihn nun sehr sorgfältig beobachten und bei den geringsten Anzeichen von Unruhe nach draußen tragen bzw. ihm die Möglichkeit geben, die Wohnung zu verlassen. Länger als 2–3 min. kann kein Welpe sein Bedürfnis unterdrücken!

Mit jeder Unachtsamkeit des Besitzers, wonach der Welpe die Wohnung beschmutzt hat, wird es schwieriger – die Fehler werden zur Gewohnheit. Dennoch darf man missglückte Versuche keinesfalls bestrafen, sondern muss künftig noch aufmerksamer auf die Zeichen des jungen Hundes achten.

Wenn Hunde rückfällig werden

Wenn ein sauberer Hund plötzlich unsauber wird, helfen weder Strafen noch rigorose Erziehungsmaßnahmen. Man muss die Ursache finden und beseitigen. Leider reagieren viele Hundehalter zu impulsiv und mit zu heftigen Strafen auf plötzliche Unsauberkeit. Insbesondere das früher häufig angepriesene Mittel des Hinein-

Welpen müssen häufig nach draußen, um schnell stubenrein zu werden.

stupsens der Hundenase in das „Tatobjekt“ bedeutet Tierquälerei!

Ein ausgewachsener Hund wird niemals grundlos unsauber! Entweder steckt eine Infektion dahinter, ein seelisches Problem oder ein Fehlverhalten des Halters sind die Ursache. Bei plötzlichem Urinieren sollte daher zuerst ein Tierarzt um Rat gefragt werden.

Es gibt verschiedene seelisch bedingte Gründe für Unsauberkeiten eines Hundes. Die häufigsten sind:

Verwirrung Überraschend häufig wissen Hunde gar nicht, wo sie dürfen und wo das Geschäft verboten ist. Schelte und Strafe beziehen sie nicht auf den „Tatort“, sondern auf die Tat selbst. Die Folge ist: Sie entleeren sich jetzt heimlich, ernten erneut Tadel und trauen sich nur noch nachts oder wenn sonst niemand Zuhause ist. Das beste Gegenmittel ist ein Schlüsselwort beim Gassigehen (z.B. Pfütze, Pipi, mach Häufchen ...) das man, immer wenn der Hund sich dazu anschickt, laut aussprechen und den Hund hinterher loben sollte.

Unsicherheit Ist in der Nachbarschaft ein neuer Hund eingezogen? Oder hat man selbst das Revier gewechselt? Durch Urin und Kot verkünden Hunde anderen: „Hier wohne ich!“. Ein „besetztes“ Gebiet kann bei schüchternen Hunden dazu führen, dass sie draußen nach Möglichkeit vermeiden, ihre Duftmarke zu hinterlassen und dafür lieber das eigene Haus beschmutzen. Das beste Gegenmittel: Beim Gassigehen immer neue Wege benützen, notfalls anfangs sogar mit dem Wagen ein Stück von zu Hause wegfahren.

Angst Einen Schock oder Schmerz beim Erledigen des Geschäftes verbinden Hunde oft irrtümlich mit dem Toilettengang. Sie versuchen daher häufig nach einer Blasenentzündung oder einer schlimmen Verstopfung, das Absetzen zu vermeiden und machen erst, wenn es denn unbedingt sein muss. Das beste Gegenmittel lautet: Ruhe bewahren, dem Hund gut zureden und immer loben, wenn sie ihn bei dem „Geschäft“ beobachten – im Laufe der Zeit merkt er wieder, dass das Beinheben weder Schmerzen noch ein schreckliches Erlebnis nach sich zieht.

Konsequenz Gehören Sie zu den Hundebesitzern, die nur vor die Türe gehen, wenn der Hund „mal muss“ und nach Erledigung schnellstens wieder umkehren? Damit erzieht man den Hund zur Unsauberkeit. Clevere Hunde halten sich so lange wie möglich zurück, um damit längere Spaziergänge zu erzwingen. Und erst Zuhause hinterlässt er dann Pfützen und Häufchen. Bei jedem Spaziergang sollte man noch mindestens 5-10 Minuten weitergehen, nachdem der Hund sich entleert hat, bis er gemerkt hat, dass die Dauer des Spazierganges und sein Geschäft nicht voneinander abhängen. Außerdem sollten relativ feste Zeiten für das Gassigehen eingehalten werden.

Eifersucht Nach Krankheiten, während dessen sie besonders viel Liebe und Pflege genossen haben, versuchen Hunde, diese Liebe durch Stubenunreinheit nochmals zu erzwingen. Auch wenn sie Herrchens bisher uneingeschränkte Zuwendung plötzlich mit neuen Familienmitgliedern, einem weiteren Hund oder einem anderen Heimtier teilen sollen, reagieren sie mit drastisch gezeigter Eifersucht. Denn sie wissen: die Pfütze in der Wohnung stellt sie sofort wieder in den Mittelpunkt des Interesses. Liegt der Verdacht der Eifersucht nahe, darf man keinesfalls zeigen, dass man die Pfütze bemerkt hat, den Hund ignorieren, das Resultat seiner Tat wird nach einiger Zeit kommentarlos beseitigt.

Verzweiflung Hunde, die zuviel alleine bleiben müssen, weil ihre Familie berufstätig ist oder Hunde, die einfach zuwenig beachtet werden, sind oft so vereinsamt, dass ihnen Tadel und Bestrafung lieber ist, als gar keine Zuwendung. Für sie ist Unsauberkeit der letzte Versuch, sich Beachtung – auch in negativer Form – zu holen. Jedem Hund sollte am Tag mindestens eine Stunde geschenkt werden, die ihm ganz alleine gehört – zum Spielen, Schmusen, spazierengehen. Oder suchen sie sich einen Tiersitter, mit dem das einsame Tier sich beschäftigen und „arbeiten“ kann.

Arroganz Hunde, die gewöhnt sind, immer und überall im Mittelpunkt zu stehen und sich plötzlich unbeachtet fühlen, lenken durch eine Demonstrationspfütze die Aufmerksamkeit aller auf sich. Sie pinkeln genauso gerne in fremden Wohnungen wie in der eigenen, ebenso auf Taschen wie auf Kleidungsstücke von Besuchern – nur um damit ihre eigene Wichtigkeit zu unterstreichen. Die meist lautstarke Aufregung, die seine Tat hervorruft, bestärkt das Tier natürlich.

Auf frischer Tat ertappt, nützt die sofortige Strafe. Allgemein sollte der Hund – am besten zusätzlich auf einem Hundeplatz – lernen, dass er nicht der Mittelpunkt des Geschehens ist. Von Anfang an kann man einem Hund verständlich machen, dass er auch mal zurückstecken muss.

Hysterie Bei vielen Hunden rotieren ganz einfach die Nerven – Blase und Schließmuskel versagen bei jeder größeren Gemütsbewegung. Hier muss dringend das Selbstbewusstsein des Hundes gestärkt werden. Wichtig sind Erfolgserlebnisse, z.B. bei Sport und Spiel. Häufig tritt das Problem beim Nachhausekommen des Besitzers auf. Dieses sollte dann so wenig aufregend wie möglich gestaltet werden. Die Begrüßung erfolgt zuerst in ganz kurzer Form vor der Tür – erst wenn der

Hund sich beruhigt hat, darf er ausgiebiger begrüßt werden.

Demut Zu strenge oder ungerechte Besitzer erziehen sich einen aus lauter Unterwürfigkeit unsauberen Hund. So wie der Schwächste im Rudel Quälereien der anderen durch Urinieren auszuweichen versucht, nutzt so eine arme Kreatur auch unter dem Menschen instinktiv das gleiche Mittel, um sich vor dem strengen Herrn zu schützen. Hier gibt es nur die Möglichkeit einer Einsicht und Besserung des Besitzers oder der Hund sollte in neue, verständigere Hände kommen.

Harntröpfeln Nicht selten tröpfeln Hunde aufgrund großer Freude und Aufregung z.B. beim Nachhausekommen des Besitzers. Um den tropfenweisen Urinabgang zu vermeiden, sollte man den Hund zunächst draußen vor der Tür begrüßen. Durch die Kommandos „Sitz" oder „Platz" lässt man ihn zur Ruhe kommen, dann wird er knapp und ruhig – keinesfalls überschwänglich – begrüßt. Ist eine größere Aufregung absehbar, z.B. das Nachhausekommen des Herrchens von der Arbeit oder Besuch, kann ein längerer Spaziergang kurz vorher das Tröpfeln vermindern, da der Hund sich vorab ausreichend lösen konnte.

Gut zu wissen

Bach-Blüten

- *Aspen – für sensible Tiere mit ängstlichem Verhalten*
- *Beech – bei Protesthandlungen*
- *Cerato – bei sehr unsicheren und gehemmten Tieren*
- *Chestnut Bud – beim eher „ungelehrigen", unaufmerksamen und ruhelosen Hund*
- *Heather – für überanhängliche Tiere, die aus Protest handeln*
- *Holly – bei Eifersuchtsreaktionen*
- *Walnut – bei Unsauberkeit aufgrund einer Veränderung im Umfeld*

Fressstörungen

Kotfressen (Koprophagie)

Insbesondere Katzenkot scheint einen unwiderstehlichen Reiz auf manche Hunde auszuüben – meist nicht zur Freude des Hundehalters. Der unangenehme Geruch ist für diesen meist unerträglich. Über die Ursachen hierfür gibt es mehrere Theorien: genetisch bedingtes Verhalten (Reinhalten des Welpenlagers), der Hang zum Aasfressen, mangelnde Beschäftigung (Langeweile), das Ziel, Aufmerksamkeit zu erregen oder der Mangel an bestimmten Nährstoffen. Besonders heranwachsende Hunde haben einen hohen Energiebedarf und nehmen daher häufig über den Kot wichtige Nährstoffe auf und das Problem gibt sich von selbst, sobald sie ausgewachsen sind. Fressgierige Tiere behalten diese Angewohnheit jedoch manchmal auch im Erwachsenenalter bei.

Vorab sollte die ausgewogene Ernährung des Hundes sichergestellt sein, bevor man dazu übergeht, dem Hund diese Manie zu verleiden: Der entsprechende Kot wird mit scharfem Pfeffer bestreut. Handelt es sich um die Hinterlassenschaft der eigenen Katze oder des Zweithundes, so stellt dies keine Schwierigkeit dar. Ansonsten „besorgt" man sich das entsprechende Material aus der Umgebung und deponiert es z.B. im eigenen Garten oder an Stellen, wo der Hund gewöhnlich Kot aufnimmt. Der Besitzer muss sich nun völlig unbeteiligt geben und hoffen, dass sein Hund aus dieser unangenehmen Erfahrung lernt. In der nächsten Zeit muss unbedingt verhindert werden, dass der Hund unkontrolliert „normalen" Kot aufnehmen kann.

Eine regelmäßige Entwurmung ist bei kotfressenden Hunden noch wichtiger als sonst. Da kotfressende Tiere in der Regel auch fressgierig sind, empfiehlt es sich, die tägliche Futtermenge auf 3–4 Portionen zu verteilen und auf faserhaltige Futtermittel zu achten. Der Zusatz von Futterflocken ist sinnvoll. Besonders Zwingerhunde neigen dazu, ihren eigenen Kot zu fressen und sind nur durch eine Veränderung ihrer Lebensumstände durch mehr Abwechslung, Spielzeug und häufige Spaziergänge hiervon zu kurieren.

Bei der Therapie dieser Unart helfen nur die entsprechenden Erziehungsmaßnahmen. Eine Bach-Blütenempfehlung kann hier nicht ausgesprochen werden, da es sich nicht um eine seelisch oder psychisch bedingte Störung handelt, sondern um eine lästige Angewohnheit. Durch Strafen lässt sich eine ausgeprägte Koprophagie nicht therapieren! Sie gehört zu den Problemen, welche sich leichter vermeiden als behandeln lassen. Richtige Futterzusammensetzung, artgerechte Haltung und liebevolle Erziehung können verhindern, dass dieses unangenehme Problem überhaupt erst entsteht.

Fressunlust

Wenn ansonsten gute Fresser plötzlich ihr Futter nicht anrühren und womöglich auch ein erhöhtes Schlafbedürfnis zeigen, so sollte der Tierarzt vorab mögliche Krankheiten ausschließen. Auch nach einer überstandenen Krankheit können Fressunlust und generelle Traurigkeit auftreten.

Ist der Hund jedoch agil wie immer und zeigt keine Lustlosigkeit, so sollte man sich nicht gleich zu viele Sorgen machen. Verweigert er jedoch plötzlich jedes ihm angebotene Futter, ist nach der Ursache zu forschen. Dies kann die Trauer über den Verlust eines menschlichen oder tierischen Partners sein oder aber die zeitweilige Trennung von der Bezugsperson. Viele Hunde verweigern während des Aufenthaltes in einer Hundepension

Ein Höhepunkt des Tages: Fütterungszeit!

anfangs jegliche Nahrung. In diesen Fällen hilft nur die Ablenkung des Hundes, viel Beschäftigung und Zuwendung. Futterverweigerung ist, falls keine körperlichen Ursachen erkennbar sind, ein deutlicher Hinweis darauf, dass der Hund aus dem seelischen Gleichgewicht geraten ist. Keinesfalls sollte man nun den Hund durch ein vielfältiges Angebot diverser Futtersorten zum Fressen animieren. Auch durch langes Stehenlassen des gefüllten Napfes verschlimmert man die Futtermäkeligkeit auf Dauer gesehen. Die Fütterungszeiten werden strikt eingehalten und nach einer halben Stunde wird übriggebliebenes Futter entfernt.

Dies gilt jedoch nur für Hunde, die plötzlich Fressstörungen zeigen. Manch ein Hund lässt sein Futter immer einige Stunden unbeachtet, bevor er frisst. Stellt dies das Normalverhalten dar, so ist lediglich bei warmen Temperaturen darauf zu achten, dass das Futter nicht verdirbt bzw. sollte man dem Hund sein Fressen generell erst später am Tag zu reichen. Manchmal verändern die Futtermittelhersteller auch ohne Ankündigung die Rezeptur bestimmter Sorten, so dass der Hund plötzlich ein sonst gern genommenes Futter ablehnt. Hier sollte man ruhig nach und nach verschiedene andere Geschmacksrichtungen oder Sorten ausprobieren. Und auch bei uns Menschen verändern sich geschmackliche Vorlieben von Zeit zu Zeit.

Gut zu wissen

Bach-Blüten

- *Sweet Chestnut – bei Teilnahmslosigkeit*
- *Star of Betlehem – nach einem traumatischen Erlebnis (Verlust eines Partners)*
- *Olive – bei genereller Erschöpfung bzw. nach einer Krankheit*
- *Mustard – bei plötzlicher Traurigkeit und Antriebsschwäche*
- *Honeysuckle – bei Traurigkeit (Urlaubstiere)*
- *Walnut – bei Futterverweigerung aufgrund einer Trennung oder eines Verlustes*

Fressgier

Fettleibigkeit ist mittlerweile eine sehr häufige Hundekrankheit und verringert die Lebenserwartung enorm. Entgegen der Vorstellung ihrer Besitzer sind fettleibige Hunde meist sehr unglückliche Tiere. Das Gewicht des Hundes sollte regelmäßig mit Hilfe einer Haushaltswaage (man nimmt den Hund auf den Arm und zieht dann vom Gesamtgewicht das eigene Körpergewicht ab) oder der Waage beim Tierarzt kontrolliert werden. Fressgierige Hunde schlingen alles in sich hinein, was sie bekommen können und manche Menschen freuen sich dann sogar noch über den „guten Appetit" ihres Tieres. Die Ursachen der Fettleibigkeit sind denen beim Menschen sehr ähnlich: Entweder hat der Welpe bereits gelernt, Unmengen von Futter aufzunehmen – oft enthält das Futter für Welpen und Junghunde mehr Ballast- als Nährstoffe, so dass der Hund größere Mengen aufnehmen muss um seinen Nährstoffbedarf zu decken. Diese Hunde werden dann auch als Erwachsene unter ständigem Hunger leiden, da der Magen geweitet ist und die Därme ständiges Arbeiten gewohnt sind. Hier hilft nur eine konsequente Futterumstellung unter Aufsicht des Tierarztes, welcher auch das entsprechende Diätfutter empfehlen kann, sowie mehr Bewegung. Außerdem sollte das Futter in mehrere kleine Portionen aufgeteilt werden. Auch Kauknochen können eine positive, ablenkende Beschäftigung sein.

Schon junge Hunde sollten an regelmäßige Fütterungszeiten gewöhnt werden (zuerst 4, dann 3, später 2 oder eine am Tag). Die Fütterung erfolgt stets am gleichen, ruhigen Platz.

Es gibt jedoch auch Hunde, welche bisher völlig normale Fresser waren und plötzlich heißhungrig und als Folge davon fett werden. Die Ursache hierfür ist eine seelische Störung, deren Ursache gefunden werden muss. Auch hier kann es ein Verlust, eine Trennung oder eine andere Veränderung der Lebensumstände sein. Kommt der Hund aus dem seelischen Gleichgewicht, so kann er zum Futterverweigerer oder zum Allesfresser werden und „Kummerspeck" ansetzen. Lässt sich das seelische Gleichgewicht nicht wieder herstellen, z.B. durch die Anschaffung eines Zweithundes nach dem Verlust des vierbeinigen Partners, so helfen nur eine Beschäftigungs-Therapie in Verbindung mit einer sorgfältigen Dosierung des Futter und viel Bewegung!

Gut zu wissen

Bach-Blüten

- *Walnut – bei Fressgier aufgrund einer Trennung, eines Verlustes*
- *Star of Betlehem – zur Verarbeitung eines Traumas*

Essen stehlen

Besonders fressgierige Hunde neigen dazu, in unbeobachteten Momenten alles zu stehlen, dessen sie habhaft werden können. Dies reicht von der Wurst auf dem Abendbrottisch bis zum Schnitzel direkt aus der heißen Pfanne vom Herd. Der Hund, der nur aus der sich anbietenden Situation heraus auf die Nachlässigkeit seines Besitzers reagiert und sich die Wurst vom Tisch stiehlt, ist eigentlich nur ein Opfer der bisher falschen Erziehung. Ein Hund, der von klein auf gelernt hat, dass er sein Futter ausschließlich aus seinem Napf erhält und niemals am Tisch gefüttert wird, kommt gar nicht erst auf den Gedanken zu stehlen. Im Idealfall erhält der junge Hund sein Futter zu festen Zeiten und frisst erst auf das Kommando seines Besitzers. Solch ein Hund wird diesbezüglich niemals ein Problem darstellen und als positive Folge vor Überfütterung und möglichen Vergiftungen weitgehend geschützt sein. Aber wie so oft: Gelegenheit macht Diebe und nicht derart gut erzogene Hunde können einer solchen Versuchung nicht widerstehen ...
Befindet sich der Hund noch im „Anfangsstadium" seiner Diebeskarriere, so hilft es oftmals, entsprechende Leckereien unangenehm zu präparieren (Pfeffer, Chillipulver). Fühlt der Hund sich nun unbeobachtet und schlingt hastig ein Stück Fleisch hinunter, hat schon so manchen diese Erfahrung eines Besseren belehrt. Auch die mit einem Bindfaden an der Wurst befestigte Konservendose kann zu einem heftigen Schrecken führen, sobald sie klappernd zu Boden fällt. Wichtig ist auch hier, dass die Strafe direkt auf die Tat hin folgt. Ein verspätetes Schimpfen ist völlig wirkungslos! Der Hund muss „auf frischer Tat" ertappt werden und mit einem lauten „Nein" oder „Pfui" bzw. durch das Werfen mit einem ungefährlichen Gegenstand von seinem Vorhaben abgehalten werden.
Bei besonders intelligenten oder unbelehrbaren Futterdieben hilft jedoch meist nur eines: Dem Hund keine Möglichkeit mehr zum Diebstahl zu geben und das Essen bestmöglich zu

sichern bzw. die Küchentür zu schließen. Jeder erneute „Erfolg" des Hundes macht bisherige Erziehungsfortschritte zunichte und man muss wieder von vorne beginnen.

Gut zu wissen

Bach-Blüten

- *Vine – zur Verbesserung der Autorität des Besitzers*
- *Chestnut Bud – gegen Ungelehrigkeit und „Vergessen" der Lektion*

Trauer und Apathie

Verliert der Hund seinen Besitzer durch Krankheit, Tod oder Verbot der Hundehaltung, reagiert er häufig mit Verweigerung, frisst kaum mehr und wird apathisch. Er scheint jeglichen Lebenswillen verloren zu haben. Der Verlust ihres Menschen bedeutet für viele Hunde schier den Weltuntergang, das Sicherheit bietende Rudel hat sich aufgelöst und er fühlt sich völlig allein gelassen. Das gleiche kann passieren, wenn er von einem tierischen Partner verlassen wird.

Der Hund braucht nun enorm viel Zuwendung und Ablenkung. Neues Spielzeug, fremde Spazierwege und möglichst viele neue Hundebegegnungen bieten ihm das. Apathie kann gefährlich werden und bis zur Selbstaufgabe führen. Nimmt er selbst bei Anwesenheit eines anderen Hundes (Futterneid provozieren) keine Nahrung mehr auf, so ist höchste Alarmstufe geboten. Um schweren Mangelerscheinungen vorzubeugen oder entgegenzuwirken, müssen solche Hunde oft tierärztlich überwacht und

Nach Verlust seines Gefährten bricht für den Hund eine Welt zusammen...

Bei jeglicher Art von Trauerzuständen ist eine Bach-Blütenbehandlung so erfolgreich wie auf kaum einem anderen Problemgebiet.

ggf. eine Zeitlang künstlich ernährt werden.
Meist gelingt es jedoch, den Hund durch ständig neue Spielreize und Abwechslungen wieder zu animieren. Der Hund sollte möglichst anfangs nicht alleine sein und – sofern man bereit ist, dies auch später zu dulden – sich auch nachts in der Nähe des „neuen" Herrchens aufhalten dürfen.
Ist der Lebenswille wieder erwacht, so hat man gewonnen und die Gefahr ist gebannt.

Gut zu wissen

Bach-Blüten

- *Star of Betlehem – zur Schockbewältigung*
- *Walnut – bei großen Lebensveränderungen*
- *Honeysuckle – zur Verarbeitung von Trauer und Verlassenheitsängsten*
- *Gorse – bei völliger Apathie und mangelndem Lebenswillen*
- *Olive – bei Erschöpfung und Mutlosigkeit*

Aufreiten

Viele Hunde, meist Rüden reiten auf anderen Hunden oder gar am Bein des Menschen auf. Unter Hunden kann dies bis zu heftigen Beißereien führen, da das Aufreiten ein massives Dominanzgebaren darstellt. Bei Hunden, welche dies sehr häufig praktizieren, kann man von einer seelischen Anomalie sprechen. Es kann sich um ein übersteigertes Dominanzgefühl oder aber um eine Übersprunghandlung aufgrund unterdrückter Gefühle handeln bzw. aus Erlebnissen in früher Jugend herrühren. Hat ein Hund dieses Aufreiten nahezu krankhaft erweitert, belästigt fast jeden ihm begegnenden Hund und alle Verbote scheinen zwecklos zu sein, so hilft leider nur das Anleinen in entsprechenden Situationen. Bei Konflikten dieser Art unter Hunden ist meist jeder Umerziehungsversuch sinnlos, da der Hund diese „Kommunikation" verinnerlicht hat. Sind allerdings unter Umständen Unterdrückungsgefühle die Ursache des Verhaltens, so kann man durch Änderungen der Lebensumstände (mehr Abwechslung, Vermeidung von Langeweile, Änderung des Tagesrythmus) eine Besserung erzielen.
Manche Hunde versuchen, das Aufreiten auf Menschen auszudehnen, wobei gewöhnlich ein Bein umklammert wird. Dies ist ein Ausdruck höchster Respeklosigkeit, woran natürlich auch wieder alleine der Mensch die Schuld trägt! Dieser Hund akzeptiert seine Menschen nicht als ranghöhere Wesen und versucht, seine Überlegenheit und Besitzergreifung zu demonstrieren.
Hier hilft nur das konsequente Verbot dieser Handlung durch „Nein" oder

Aufreiten ist eine Dominanzgeste und sollte strikt unterbunden werden.

„Pfui“ sowie das sofortige Sich-Abwenden. Tadeln sollte jedoch nur die betroffene Person selbst; zieht ein anderer den Hund weg, so sieht dieser die betroffene Person als schwach an. In diesen Situationen sollte der Hund abgelenkt werden, nachdem er strikt zur Ordnung gerufen wurde.

In den meisten Fällen wird durch eine Kastration das Problem auf einfache und sichere Art und Weise behoben.

Gut zu wissen

Bach-Blüten

- *Vine – gegen übermäßige Dominanzgefühle*

Eifersucht

Häufigste Ursachen der aufkommenden Eifersucht ist die Geburt eines Babys. Hierauf wurde bereits detailliert auf Seite 84 eingegangen. Es ist einfacher, sich im Vorfeld ausreichend Gedanken über die bevorstehenden

Grenzenloses Vertrauen! Und trotzdem bitte nie ohne Aufsicht.

Veränderungen und das richtige Verhalten dem Hund gegenüber zu machen, als später seine Eifersucht zu therapieren. Schließlich verändert sich zwangsläufig die Zusammensetzung innerhalb der Familie und die Zuwendungen werden neu aufgeteilt. Es muss unbedingt vermieden werden, dass der Hund sich als plötzlich nicht mehr zugehörig oder gar abgeschoben fühlt. Wird er durch entsprechendes Einfühlungsvermögen und Geduld bestmöglich in die neue Situation eingegliedert, so wird es kaum Schwierigkeiten geben.

Während eines Umzugs sollte der Hund Rescue-Tropfen erhalten, um die Aufregungen besser verarbeiten zu können.

Zieht ein neuer Lebenspartner ein, so sollte auch dies gut vorbereitet werden. Vielleicht musste der Hund gerade erst die Trennung von einem früheren Partner verarbeiten? Vor dem Einzug sollten die Beteiligten lange gemeinsame Spaziergänge unternehmen. Der Hund muss auch hier den neuen Partner mit positiven Erlebnissen verknüpfen können. Kurze Besuche des „neuen" Menschen in der künftig gemeinsamen Wohnung in Verbindung mit Leckerlis oder dem Mitbringen eines neuen Spielzeuges und unter Umständen auch ein gemeinsames Wochenende auf für den Hund „neutralem" Gebiet – dies kann auch die alte Wohnung des künftigen Lebensgefährten sein – fördern die Verbindung. Der neue Partner muss sich gewissermaßen „einschmeicheln“. Wird er bei weiteren Besuchen freudig von dem Hund begrüßt oder hat dieser sogar schon ein Wochenende alleine mit dem „Neuen“ verbracht, so ist der Bann gebrochen und dem Umzug steht nichts mehr im Wege. Keinesfalls sollte man den Hund einfach vor vollendete Tatsachen stellen, da hierdurch heftige Aggressionen oder andere Verhaltensstörungen wie Unsauberkeit oder Zerstörungswut ausgelöst werden könnten.

Gut zu wissen

Bach-Blüten

- *Walnut – um veränderte Situationen zu akzeptieren*
- *Star of Betlehem – zur „Schockverarbeitung“ in einer Lebensumstellung*
- *Heather – bekämpft die Gefühle, im Mittelpunkt stehen zu wollen*
- *Holly – zur Steigerung der Toleranz und Aggressionsvermeidung*
- *Gentian – gegen Misstrauen und negative Stimmungen*

Vernachlässigte Hunde

Manche scheinen ihre gesamte Erziehung vergessen zu haben, überhören alle Kommandos – andere scheinen ihre Umwelt kaum noch wahrzunehmen oder verweigern schlicht den Gehorsam. Hunde, die vernachlässigt werden oder sich so fühlen, gehen innerlich auf Distanz zu ihren „alten“ oder „neuen“ Menschen. Häufig sind diese Probleme bei Hunden zu finden, die aus einer extrem schlechten Haltung befreit wurden und jedes Vertrauen zum Menschen verloren haben. Aber auch unbemerkt kann sich ein solches Gefühl in den Alltag des Hundes einschleichen. Manchmal haben die Besitzer durch eine neue Stellung oder familiäre Probleme einfach kaum noch Zeit für gemeinsame Unternehmungen mit dem Hund und keinem fällt es auf – außer dem Hund selbst. Zu seinen Reaktionen gehören Zerstörungswut, Befehlsverweigerung und eine große Gleichgültigkeit. Der Hund

Gut zu wissen

Bach-Blüten

- *Wild Rose – gegen Resignation und Verzweiflung*
- *Willow – gegen negative Stimmung und das Gefühl der Vernachlässigung*
- *Sweet Chestnut – gegen die innere Ausweglosigkeit*
- *Larch – zur Steigerung des Selbstvertrauens (nicht bei Aggressionen oder Zerstörungswut!)*
- *Gorse – für Tiere aus schlechter Haltung, gegen Resignation*
- *Cherry Plum – bei scheinbar großem inneren Druck, Bewegungsstereotypen und Temperamentsausbrüchen*

hat das Gefühl, er gehöre nicht mehr dazu. Besonders schwächere, wenig selbstbewusste Hunde reagieren durch diese Vernachlässigungsanzeichen.

Diese „Störung" ist eigentlich lediglich eine deutliche Warnung an den Hundehalter, dass er etwas verändern muss.

Hier hilft keine Strenge oder Strafe. Nur durch vermehrtes Zugehen auf den Hund, durch Spielreize und viel Abwechslung kommt man an das Tier heran. Besonders das gemeinsame Spiel fördert das verlorengegangene Vertrauen, baut Aggressionen ab und der Hund fühlt sich akzeptiert.

Streunen

Kein Hund wird als Streuner geboren, sondern durch negative Umweltfaktoren hierzu veranlasst. Ein gut sozialisierter Hund, der den Rudelchef voll akzeptiert, hat keine Veranlassung, alleine durch die Gegend zu streifen. Zum Streunen neigt aber auch ein Hund, der mit seinen Lebensumständen unzufrieden ist. Manch einer kommt gar nicht mehr nach Hause, sondern sucht sich ein neues Rudel, eine andere Familie. Glücklicherweise kommt diese Extremsituation selten vor. Häufiger ist der Hund, der regelmäßig und mit viel List und Tücke seine Spaziergänge alleine unternimmt. Hat er es einmal geschafft, auszurücken und bei diesem ersten Alleingang positive Erfahrungen gemacht, so wird er es immer wieder versuchen. Streuner leben heutzutage gefährlich: Sie könnten angefahren oder abgeschossen werden. Nicht selten passieren schwere Autounfälle, weil ein streunender Hund auf die Straße läuft und tierfreundliche Fahrer durch Vollbremsung große Schäden verursachen. Streuner landen oft im Tierheim und manch einer legt diese Eigenschaft sofort ab, sobald er sich in einer neuen Familie geborgen und akzeptiert fühlt.

Eine Bach-Blütenempfehlung kann bei Streunern nicht gegeben werden. Hier hilft nur, das Verhältnis zwischen Herr und Hund zu intensivieren und dem Hund Zuhause möglichst viel Abwechslung zu bieten.

Bei Hunden mit viel ursprünglichem Wildhundeblut sind alle Mühen vergebens, ebenso bei Hunden, welche schon mehrfach unterwegs waren und stets darauf bedacht sind, das Weite zu suchen.

Hier hilft nur, dem Hund das Ausreißen unmöglich zu machen. Meist kommt der Streuner irgendwann nach Hause zurück, sofern ihm unterwegs nichts zugestoßen ist. Hunde mit hohen Wildhundeeigenschaften jedoch bleiben meist verschwunden, haben sie erst einmal ihre „Freiheit" entdeckt.

Den Garten verwüsten

Besonders junge Hunde graben manchmal gerne die Beete im Garten um oder buddeln große Löcher im Rasen, sobald sie alleine und unbeobachtet sind. Diese Hunde haben die entsprechenden Lektionen noch nicht gelernt und es ist ihnen schlichtweg langweilig. Ist der Hund nicht ausgelastet und reagiert sich auf diese Weise ab, so sind lange Spaziergänge

unumgänglich. Unbekannte Gebiete in Feld und Flur lenken den Hund ab, machen müde und sorgen für Ausgeglichenheit und Zufriedenheit. Für besonders aktive Tiere empfiehlt sich das Mitlaufen am Fahrrad oder beim Joggen, das gemütliche Spazierengehen könnte unter Umständen nicht ausreichen. Sobald der Hund ausgelastet ist, werden die Blumenbeete für ihn uninteressant.
Erwischt man den Hund auf „frischer Tat", so schreckt man ihn am besten durch einen gezielten Schuss aus der Wasserpistole mit einem gleichzeitigen scharfen „Nein!" ab. Schimpfen nach der Tat wird keinen Erfolg zeigen, da er die Bestrafung nicht mehr mit dem Buddeln in Verbindung bringen kann. Großen Erfolg bietet auch ein eigener Hundesandkasten, worin man ab und zu einen Kauknochen oder ein Spielzeug vergräbt. Hier darf er nach Herzenslust graben, während alle anderen Stellen tabu sein müssen.

Gut zu wissen

Bach-Blüten

- *Heather – wenn der Hund durch sein Verhalten Aufmerksamkeit erregen will und es als Protesthandlung einsetzt*
- *Chestnut Bud – falls der Hund die Lektionen nicht zu verstehen scheint*
- *Vine – für sehr dominante Tiere*

Der durchschnittlich intelligente Hund versteht dies meist sehr rasch – vorausgesetzt, man lehrt es ihn auf korrekte Art und Weise: Der Hund muss immer wieder gezeigt bekommen, wo er graben darf. Auch die im Handel erhältlichen „Verpiss-Dich-Pflanzen" sind einen Versuch wert. Viele Hunde und Katzen meiden den für Menschen nicht wahrnehmbaren Geruch dieser Pflanze.

Radfahrer und Jogger jagen

Vor allem Hunde, die mit Radfahrern oder Joggern schlechte Erfahrungen gemacht haben, z.B. wenn sie sich einmal heftig vor ihnen erschreckten, „jagen" diese Objekte. Auch Hunde, welchen zu wenig Bewegung verschafft wird, nutzen jede passende Gelegenheit für einen Spurt hinter dem sich schnell entfernenden Rad oder Läufer. Nachlaufen ist nun einmal ein wesentlicher Bestandteil des Hundewesens. Hier kommen wieder einmal die genetisch bedingten Jadgtriebe zur Geltung – etwas, das davonläuft, könnte eine potentielle Beute sein.
Leider trifft auch manchen Radfahrer oder Jogger die Schuld – wobei man sicher nicht erwarten kann, dass jeder ein Hundefreund ist und über den entsprechenden „Hundeverstand" verfügt. Tritt der Radler z.B. aus lauter Angst nach dem Hund oder schlägt sogar nach ihm, so ist es nicht ver-

Für das Beuteobjekt Skater eine unangenehme und bedrohliche Situation.

wunderlich, dass das Tier noch vehementer versucht, den „Feind" zu stellen. Wer kann es dem Hund übelnehmen, dass er nach einer solchen Erfahrung alle Radfahrer oder Jogger angreift?

Daher sollte jeder Hundehalter seinen Hund soweit unter Kontrolle haben, dass er ihn jederzeit und in jeder Situation abrufen kann. Hier kommt wieder das Dominanztraining und das Vertrauen zwischen Mensch und Hund zum Tragen. Der Hund wird nur dem gehorchen, dem er vertraut und den er als Rudelführer akzeptiert. Ist man sich seines Hundes nicht völlig sicher, so sollte man gezielt an diesem Problem arbeiten. Häufig hilft auch hier die Umkehr des Verhaltens durch Mithilfe befreundeter Radfahrer

Gut zu wissen

Bach-Blüten

- *Mimulus – falls der Hund Ängste zeigt*
- *Star of Betlehem – um unangenehme Erlebnisse zu kompensieren*
- *Vine – um Dominanzprobleme zu klären – nur in Verbindung mit entsprechender Erziehung!*

oder Jogger. Der Hund wird quasi provoziert und erhält dann von dem „Verfolgten" eine harmlose Strafe in Form von einem Schuss Wasser aus der Trinkflasche oder dem Werfen einer rasselnden Büchse. Gleichzeitig wird er von seinem Menschen gerufen und ausgiebig gelobt, sobald er etwas verschreckt zu ihm zurückkehrt. Mit dieser Methode sollte man allerdings bei sehr dominanten und großen Hunden vorsichtig sein, welche in solchen Situationen schon in bösartiger Weise reagieren. Sie könnten völlig außer Kontrolle geraten.

Recht zuverlässig hilft diese Methode jedoch bei den Hunden, die nur eine „große Klappe" zeigen, im Grunde jedoch sehr gutmütig sind. Sie versuchen lediglich, den Radler oder Jogger – übrigens auch den klappernden Traktor o.ä. –, zu verjagen oder laufen einfach neugierig hinterher. Oftmals genügt eine einzige dieser Lektionen, um den Hund eines Besseren zu belehren.

Das Kommando „Fuß" sollte solange trainiert werden, bis der Hund es zuverlässig – auch ohne Leine – ausführt, sobald er beim Näherkommen eines der gefährdeten Objekte gerufen wird. Dieses Kommando sollte aber, sobald es beherrscht wird, auch nur in entsprechenden Situationen angewendet werden. Ansonsten muss der Hund beim Spaziergang so viel wie irgend möglich, frei laufen dürfen!

Wer seinen Hund von klein auf besitzt und richtig erzogen hat, dessen Hund wird bei Radfahrern oder Läufern keine Probleme machen.

Wichtig

Das Zusammenleben von Hund und Mensch muss stets eine Konversation sein. Wenn der Hund also nicht „auf Knopfdruck" reagiert, so will er seinem Menschen etwas klarmachen. Oft ist es keine Absicht, sondern einfach fehlendes Wissen, welches zu unnötigen Missverständnissen führt. Fast immer ist der Mensch die Ursache des Fehlverhaltens des Hundes. Sobald der Mensch versteht, wie der Hund denkt und weshalb er manche Dinge tut, funktioniert auch die Verständigung. Der in der Erziehung angewandte Druck sollte dosiert sein, nach dem Motto: So viel wie nötig, so wenig wie möglich. Durch Geduld und Einfühlungsvermögen, gepaart mit der unbedingt nötigen Konsequenz, erreicht man ungleich mehr als durch eine harte Hand oder unnötige und völlig sinnlose Strafen. Das beste Erziehungsmittel hat man stets und kostenlos dabei: Die Belohnung durch Lob und Liebe.

Service

Zum Weiterlesen

Abrantes, Roger: Hundeverhalten von A-Z. Kosmos, Stuttgart 2004.

Becvar, Dr. Wolfgang: Naturheilkunde für Hunde. Kosmos, Stuttgart 2003.

Coren, Stanley: Die Geheimnisse der Hundesprache. Kosmos, Stuttgart 2002.

Donaldson, Jean: Hunde sind anders. Kosmos, Stuttgart 2009.

Führmann, Petra und Iris Franzke: Erziehungsprobleme beim Hund. Kosmos, Stuttgart 2004.

Führmann, Petra und Nicole Hoefs: Erziehungsspiele für Hunde. Kosmos, Stuttgart 2002.

Harries, Brigitte: Hundesprache verstehen. Kosmos, Stuttgart 1998.

Hoefs, Nicole und Petra Führmann: Das Kosmos-Erziehungsprogramm für Hunde. Kosmos, Stuttgart 2006.

Jones, Renate: Aggressionsverhalten bei Hunden. Kosmos, Stuttgart 2003.

Jones, Renate: Welpenschule. Kosmos, Stuttgart 2007.

Kusch, Carola: Die Hündin. Kosmos, Stuttgart 2004.

Pietralla, Martin: Clickertraining für Hunde. Kosmos, Stuttgart 2003.

Pryor, Karen: Positiv bestärken, sanft erziehen. Kosmos, Stuttgart 2006.

Rakow, Dr. Barbara: Homöopathie für Hunde. Kosmos, Stuttgart 2009.

Schöning, Dr. Barbara: Hundesprache. Kosmos, Stuttgart 2004.

Schöning, Dr. Barbara: Hundeverhalten. Kosmos, Stuttgart 2008.

Stein, Petra: Bach-Blüten für Hunde. Kosmos, Stuttgart 2009.

Tellington-Jones, Linda: Tellington-Training für Hunde. Kosmos 2010.

Toll, Claudia: Tierheimhund und Streuner. Kosmos, Stuttgart 2002.

Winkler, Sabine: Hundeerziehung. Kosmos, Stuttgart 2009.

Winkler, Sabine: So lernt mein Hund. Kosmos, Stuttgart 2005.

Wright, John C. und Judi Wright Lashnits: Wenn Hunde machen was sie wollen. Kosmos, Stuttgart 2001.

Nützliche Adressen

Marion Brehmer
Altwiedermuserweg 27
63854 Gründau
Tel.: 0 60 58 – 65 61
Fax: 0 60 58 – 91 78 90
Brehmion@gmx.de
www.hundepsychologin.de

Institut für Bach-Blütentherapie
Mechthild Scheffer IMS
Eppendorfer Landstr. 32
20249 Hamburg
Tel.: 0 40 – 43 25 77 10
Fax: 0 40 – 43 52 53
info@bach-bluetentherapie.de
www.bach-bluetentherapie.com

Register

Bildnachweis
Farbaufnahmen von Marion Brehmer (S. 1), Peter Beck (S. 88, 112, 115, 131), Thomas Höller/Kosmos (S. 25, 50, 57), Juniors Bildarchiv (S. 141, Wegler S. 97, 124, 139, Zweig S. 95), Christof Salata/Kosmos (alle übrigen 23 Aufnahmen), Karl-Heinz Widmann/Kosmos (S. 72, 75, 83, 106, 118, 142).
Farbzeichnungen von Ruth Fritzsche (38, ab S. 11) und Marianne Golte-Bechtle (1, S. 9).

Impressum
Umschlag von eStudio Calamar unter Verwendung von 2 Farbaufnahmen von Gabriele Metz/Kosmos (vorn) und Ulrike Schanz.

Mit 42 Farbfotos und 39 Farbzeichnungen.

Alle Angaben in diesem Buch erfolgen nach bestem Wissen und Gewissen. Sorgfalt bei der Umsetzung ist indes dennoch geboten. Der Verlag und die Autorin übernehmen keinerlei Haftung für Personen-, Sach- oder Vermögensschäden, die aus der Verwendung der vorgestellten Materialien und Methoden entstehen können.

Unser gesamtes lieferbares Programm und viele weitere Informationen zu unseren Büchern, Spielen, Experimentierkästen, DVDs, Autoren und Aktivitäten finden Sie unter **www.kosmos.de**

Gedruckt auf chlorfrei gebleichtem Papier

Zweite, aktualisierte Auflage

ISBN 978-3-440-12466-6
Gestaltungskonzept: Isabell Schart
Gestaltung: TypoDesign, Kist
Produktion: Eva Schmidt, Katrin Indra
Printed in The Czech Republic / Imprimé en République Tchèque

Bitte benutzen Sie diesen Analyse-Bogen, wenn Sie für ein bestimmtes Problem Ihres Hundes eine individuelle Bach-Blüten-empfehlung der Autorin haben möchten.

Tierpsychologin Marion Brehmer, Altwiedermuser Weg 27, 63584 Gründau
Fax 0 60 58-91 78 90, e-mail: Brehmion@gmx.de

Analysebogen für eine Bach-Blütenberatung

Wie lautet der Name Ihres Hundes? ______________ *Rasse:* ______________

Alter: _____ *Jahre* ☐ *weibl.* ☐ *männl.* *Größe:* __________ *kastriert? Ja/Nein*

Woher haben Sie Ihren Hund?

☐ *Züchter* ☐ *Tierheim* ☐ *von privat* ☐ *Sonstiges* ______________________

Wie alt war Ihr Hund, als er zu Ihnen kam? ______________________

Wie lange ist Ihr Hund täglich allein? ____ *Std.*

Wie akzeptiert er das Alleinsein? ______________________

Wie oft gehen Sie Gassi? __ *x täglich. Insgesamt ca.* _____ *Stunden*

Darf Ihr Hund beim Gassigehen frei laufen? Ja/nein

Haben Sie das Gefühl, daß Ihr Hund Spaß am Lernen hat? Ja/Nein,

☐ *eher widerwillig* ______________________

Wer ist die Hauptbezugsperson Ihres Hundes: ______________________

Wo schläft Ihr Hund? ______________________

Falls Korb/Decke: In welchem Raum steht dieser: ______________________

Lässt sich Ihr Hund den vollen Fressnapf von Ihnen wegnehmen?

Ja / nein, er ______________________

Wie beurteilen Sie den Gehorsam Ihres Hundes:

☐ *sehr gut* ☐ *gut* ☐ *befriedigend* ☐ *schlecht*

Lässt sich Ihr Hund durch Kommando vom Jagen abhalten (z.B. Hase, Katze)

____

____

Leidet Ihr Hund unter einer akuten / chronischen Krankheit?

Welcher: ______________________

Bitte kreuzen Sie die zutreffenden, aktuellen Verhaltensweisen Ihres Tieres an:

☐ *falsche Fröhlichkeit, in unbeobachteten Momenten ist der Hund in sich gekehrt*

☐ *undefinierbare Ängste, schreckhaft, will nicht alleine sein*

☐ *intolerant und aggressiv, beginnt Raufereien*

☐ *überbrav, unterwirft sich anderen Hunden und Menschen schnell*

- ☐ *unsicher, gehorcht jedem, ahmt andere Hunde nach, geringes Selbstvertrauen*
- ☐ *unbeherrscht, innere Spannungen, Unruhe*
- ☐ *macht immer die gleichen Fehler, vergisst Gelerntes wieder*
- ☐ *egoistisch, will im Mittelpunkt stehen, zu starker Mutterinstinkt bei Hündinnen*
- ☐ *unkonzentriert, desinteressiert, reagiert nur langsam*
- ☐ *permanentes Putzen, Lecken, Kratzen*
- ☐ *niedergeschlagen, Anzeichen von Überforderung bei eigentlich kräftigen Hunden*
- ☐ *misstrauisch, Skepsis gegen alles Neue*
- ☐ *Resignation und Müdigkeit, schwer motivierbar*
- ☐ *fordert uneingeschränkte Zuwendung*
- ☐ *eifersüchtig, aggressiv*
- ☐ *desinteressiert, jault, scheint der Vergangenheit nachzutrauern*
- ☐ *schlapp und müde, schläft zuviel*
- ☐ *hyperaktiv, gereizt, ungeduldig und ungestüm*
- ☐ *mangelndes Selbstvertrauen, zaghaft und zurückhaltend*
- ☐ *spezifische Ängste vor bestimmten Dingen, Scheu*
- ☐ *plötzliche Traurigkeit, starke Stimmungsschwankungen*
- ☐ *trotz Erschöpfung starkes Pflichtbewusstsein, gibt nicht auf*
- ☐ *geistige und körperliche Erschöpfung*
- ☐ *mutlos, schuldbewusstes Verhalten, unterwürfig, wird häufig angegriffen*
- ☐ *übertriebener Beschützerinstinkt*
- ☐ *extreme Ängste bis zur Panik*
- ☐ *wirkt ständig unnatürlich angespannt*
- ☐ *Stimmungsschwankungen, wechselhaft, Unausgeglichenheit*
- ☐ *hat einen seelischen Schock scheinbar noch nicht verkraftet, Tierheim/neuer Besitzer*
- ☐ *scheinbare Ausweglosigkeit, appetitlos, desinteressiert, versteckt sich*
- ☐ *übereifrig, übermäßige Begeisterung*
- ☐ *übermäßige Dominanz, ordnet sich nicht unter*
- ☐ *verunsichert aufgrund einer veränderten Lebenssituation*
- ☐ *Einzelgänger, übertriebener Stolz, meidet jeglichen Kontakt*
- ☐ *unruhig, unaufmerksam, konzentrationsschwach*
- ☐ *wenig Ausdauer, unzufrieden, verliert das Interesse schnell*
- ☐ *energielos, teilnahmslos, apathisch, scheint sich aufgegeben zu haben*
- ☐ *verbittert, launenhaft, scheinbar ständige schlechte Laune*

Bitte schildern Sie nun das Problem, das Sie im Verhalten Ihres Hundes beobachten:

___

___

___

___

___

___

___

___

___

___

___

___

Bitte tragen Sie hier Ihre Adresse ein und schicken Sie mir das Formular mit einem ***adressierten und frankierten Rückumschlag*** *zu.*
(sonst leider keine Bearbeitung möglich).

Name: ___ *Tel.-Nr.:* ___
E-Mail: ___ *Fax-Nr.:* ___

Adresse: ___

Bei vielen Verhaltensstörungen empfiehlt sich eine Verhaltenstherapie mit ausführlicher Analyse, Erziehungs-/Verhaltensregeln in Verbindung mit den entsprechenden Bach-Blüten. Falls Sie zusätzlich an einer umfangreichen tierpsychologischen Beratung (Ferntherapie, kostenpflichtig) Interesse haben, können Sie die entsprechenden Unterlagen hier anfordern

☐ *Ja, senden Sie mir bitte Ihre Unterlagen zu.*